U0315065

枸杞气象业务服务

马力文　刘　静　等编著

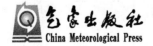

气象出版社
China Meteorological Press

内 容 简 介

宁夏气象部门连续开展了 12 年枸杞气象业务服务,实现了枸杞全程气象保障服务。本书是宁夏气象部门枸杞研究与业务的综合,主要阐述枸杞农业气象观测,枸杞生长发育、产量、品质与气象条件的关系,枸杞病虫害与农业气象灾害,枸杞气候品质评价与认证,枸杞气候适宜性区划,枸杞气象标准化以及枸杞气象业务服务产品等方面的内容。本书可供农业、林业、农业气象等领域从事科研、教育、生产的科技人员参考,也可为政府及林果、气象部门制定规划、开展服务提供技术支持和参考。

图书在版编目(CIP)数据

枸杞气象业务服务 / 马力文等编著. —北京 :气象出版社,2018.5
ISBN 978-7-5029-6773-4

Ⅰ.①枸…　Ⅱ.①马…　Ⅲ.①枸杞-农业气象-气象服务-中国　Ⅳ.①S165

中国版本图书馆 CIP 数据核字(2018)第 084699 号

枸杞气象业务服务

出版发行:气象出版社

地　　址:北京市海淀区中关村南大街 46 号　　**邮政编码:**100081
电　　话:010-68407112(总编室)　010-68408042(发行部)
网　　址:http://www.qxcbs.com　　**E-mail:**qxcbs@cma.gov.cn
责任编辑:黄红丽　　　　　　　　　　**终　　审:**吴晓鹏
责任校对:王丽梅　　　　　　　　　　**责任技编:**赵相宁
封面设计:博雅思企划
印　　刷:北京中石油彩色印刷有限责任公司
开　　本:700 mm×1000 mm　1/16　　**印　　张:**10.625
字　　数:212 千字　　　　　　　　　　**彩　　插:**3
版　　次:2018 年 5 月第 1 版　　　　　**印　　次:**2018 年 5 月第 1 次印刷
定　　价:45.00 元

本书如存在文字不清、漏印以及缺页、倒页、脱页等,请与本社发行部联系调换

编委会

前　言

　　宁夏枸杞(*Lycium barbarum* L.)是茄科枸杞属多年生落叶灌木,产区主要集中在宁夏、新疆、青海、内蒙古、甘肃等省区,果实是名贵的中药材和保健品,早在《本草纲目》中就有过详细记载。枸杞子有滋肝、补肾、明目和壮阳作用。近年来,在科技支撑、市场推动、政府引领等内外因素影响下,我国枸杞生产发展较快,种植区域已经由传统的道地产区宁夏中宁向周边辐射扩大,逐渐形成了宁夏黄灌区、内蒙古盐碱地、新疆沙荒地、陕北黄土地、青海高寒地等五个各具特色优势的经济栽培区,同时向华中、华南扩展,特别是近十年,种植面积以每年11%的速度递增。长期以来,宁夏枸杞科研工作者在植物形态、栽培、育种、病虫害和药用成分、药理作用、临床应用、产品开发等方面做了许多工作,成立了宁夏农林科学院枸杞研究所(有限公司)、宁夏枸杞工程技术研究中心等枸杞科研单位,形成了我国枸杞研究的龙头。

　　20世纪80年代,已故的周仲显先生通过大量的实地调查和走访,提出了大麻叶枸杞产量与≥15℃积温的统计相关方程,并依据该指标进行了宁夏枸杞适宜气候区划,开创了宁夏枸杞气象研究的先例。2000—2003年,宁夏回族自治区气象局承担了国家自然科学基金项目"宁夏枸杞优质高产的气候形成机理及区划研究",利用枸杞田间试验与采集全国枸杞样品和土壤样品化验的方法,研究了枸杞产量、外观、药用品质与气象因子、土壤养分的定量关系,出版了《枸杞气象研究》文集。该项目获得中国气象局气象科技研究开发奖二等奖。2004—2006年,又承担了科技部公益项目"宁夏枸杞黑果病发生和爆发流行的农业气象条件和预报方法研究",通过枸杞炭疽菌分离培养和大田接种诱发试验,人工模拟不同降雨过程,研究了枸杞炭疽病发生和爆发流行与气象因子的关系和预警气象指标,成果应用在2007—2017年的黑果病监测预警气象服务中。2005年、2007年先后承担了中国气象局新技术推广项目"干热风对宁夏枸杞生理活性的影响及产质量损失监测评估研究"、"宁夏枸杞气象与病虫害防治全程气象服务技术",研究了枸杞产量预报模式、枸杞干热风、蚜虫和红瘿蚊发生的气象等级预报模型,投入业务,发布产品,实现了从研究到业务的转变。2012—2014 年,制定了《枸杞农业气象观测规范》《枸杞炭疽病发生气象等级》两项气象行业标准,2015 年由中国气象局颁布实施。2013—2015 年,立项开展了"宁夏枸杞气候品质论证技术研究",对宁夏枸杞气候品质方面的成果进行了验证,取得了枸杞品质指标,确定了综合品质评价模型。

在上述项目的支撑下,宁夏连续开展了 12 年枸杞气象业务服务,如枸杞采果期预报、炭疽病预报、枸杞产量预报等。2015—2017 年,宁夏气象局开发了智能化农业气象业务服务平台,把枸杞气象与枸杞病虫害气象的十余项研究成果纳入到系统开发中,实现了枸杞全程气象保障服务。

《枸杞气象业务服务》主要阐述枸杞农业气象观测,枸杞生长发育、产量、品质与气象条件的关系,枸杞病虫害与农业气象灾害,枸杞气候品质评价与认证、气候适宜性区划,枸杞气象标准化以及枸杞气象业务服务的产品等方面的内容。本书的完成汲取了宁夏气象部门多年来取得的科研成就,力求体现当前枸杞气象研究的先进水平。本书的第 2 章内容主要来自刘静、黄峰、戴小笠、李凤霞、马力文和周慧琴等人的研究成果;第 3 章主要来自刘静、张晓煜和李剑萍等人的研究成果;第 4 章主要来自张晓煜、李剑萍和刘静等人的研究成果;第 5 章主要来自刘静、张宗山、张玉兰、王静梅和张燕林等人的研究成果;第 6 章主要来自马力文、张晓煜、李剑萍等人的研究成果;第 7 章主要来自马力文、刘静等人的研究成果;第 8 章主要来自马力文、张学艺、段晓凤等人的研究成果;第 9 章主要来自马力文、刘静、张宗山、张玉兰、曹彦龙等人的研究成果。此外,本书还纳入了王连喜、袁海燕、苏占胜、马国飞、张磊等人的部分研究成果,在此一并感谢。本书由马力文执笔,刘静技术指导。参与本书审稿和定稿的,有长期从事枸杞专业研究的专家、科研人员,也有枸杞观测、服务一线的科技人员,他们为本书提供了许多重要的技术资料,并提出了许多宝贵意见,对充实本书作出了积极的贡献。

由于编者水平有限,本书难免有不足之处,敬请读者和同行专家批评指正。

编著者
2018 年 1 月

目　录

第 1 章　枸杞气候概况

1.1　枸杞生产概况

宁夏枸杞(*Lycium barbarum* L.)为茄科多年生落叶灌木,其干燥成熟果实枸杞子为我国传统名贵中药材,同时又是国家卫生部公布的药食同源品种之一,在我国已有 2000 多年的用药历史。随着我国经济的飞速发展,人们保健意识的增强,枸杞的保健和药用价值日益受到重视,市场价格稳中有升,加之枸杞适应性强,特别适合盐碱地和退耕还林地种植,使其成为西北地区的重要经济作物,甚至是一些地方的支柱产业,产业开发前景十分广阔。自 20 世纪 60 年代后期,通过广泛引种栽培,逐步形成了宁夏、内蒙古、甘肃、青海、河北等枸杞种植区,同时也辐射到东北三省、华中、华南等地区。随着气候条件的变化和栽培技术的改进,枸杞的道地产区范围有所扩大,形成了以宁夏为道地产区的核心区,内蒙古、陕(陕西)甘(甘肃)青(青海)新(新疆)为两翼的大枸杞产区的分布格局。目前全国种植枸杞 17 万 hm² 以上,种植枸杞早已成为贫困地区农民脱贫致富的主要支柱产业,各产地生产状况分述如下。

1.1.1　宁夏

"天下黄河富宁夏,宁夏枸杞甲天下"。宁夏枸杞产区是我国传统主产区之一,宁夏枸杞以其独特的品牌优势、产业优势、区位优势和道地中药材优势,已经成为宁夏面向全国走向世界的一张"红色名片"。据统计,截至 2016 年底,宁夏枸杞种植面积达 6 万 km²,干果总产量 9.3 万 t,年综合产值 130 亿元。主产于银川平原、卫宁灌区,以黄河沿岸以及黄河支流沿岸的盐碱地种植较多。因种植历史悠久，茨农在枸杞的修剪、病虫害防治等相关技术上积累了丰富的经验。同时，宁夏回族自治区政府十分重视枸杞产业发展，2015 年底，自治区十一届人大常委会第二十次会议审议通过了《宁夏回族自治区枸杞产业促进条例》，对枸杞产业规划、扶持、品牌保护等都做了具体规定。2016 年初，宁夏回族自治区人民政府通过了《再造枸杞产业发展新优势规划（2016—2020 年）》，从科研、产业管理等方面长期给予资助和支持。设有宁夏枸杞工程技术研究中心和中宁县枸杞产业管理局，2016 年，自治区批复宁夏农业优势特色产业综合气象服务中心成立，开展枸杞等特色农业产业气象服务。

因此，宁夏枸杞在栽培面积、生产技术、品种选育，特别是枸杞气象研究方面处于全国领先水平。

1.1.2　内蒙古

内蒙古种植枸杞始于 20 世纪 60 年代的杭锦后旗，随后逐渐拓展到托县、伊盟、乌拉特前旗、达拉特旗等地区。早期内蒙古自治区种植枸杞的目的是为了改造黄河沿岸的低产盐碱地。由于气候变化，降雨增加，导致枸杞病虫害发生严重，品质下降，同时人力资源紧张，导致采摘费用升高，生产成本加大，枸杞子市场销售不畅，价格低迷，导致该地区的枸杞种植面积一度下滑。2010 年以来，内蒙古自治区政府对枸杞产业发展越来越重视，农牧厅提出了发展枸杞优势产业的指导意见，成立了枸杞生产管理机构，加强枸杞基地建设，制定枸杞产业的相关政策，成立管理科研机构，深入研究枸杞生长规律，制定枸杞生产技术规程，发展有机枸杞生产，提出做强做大品牌，促进枸杞产业升级的理念。目前栽培面积约 1.3 万 km^2，其中宁杞 1 号、宁杞 2 号和当地自然选优的蒙杞 1 号、蒙杞 2 号居多。年产干果约 2 万 t，占全国 1/7，实现产值 4 亿元，枸杞已成为农民真正的"摇钱树"。

1.1.3　新疆

新疆是我国枸杞种植最北的区域，亦为我国枸杞主要产区之一。枸杞种植始于 20 世纪 60 年代，该地区枸杞种质资源类型较多，种植品种以宁杞 1 号和当地自然选优的精杞 1 号、精杞 2 号为主。目前种植面积约

1.3 万 hm², 主要种植区集中在博尔塔拉州精河县。1998 年该县被国家农业部命名为"中国枸杞之乡"。目前新疆枸杞的产量依然取决于精河县的枸杞产量, 价格也受精河枸杞的影响。新疆精河县林业局于 2005 年 8 月组建了"枸杞开发中心", 形成了一支专业从事枸杞技术推广的科技队伍。精河县设有枸杞交易市场, 先后出现了一批优秀的枸杞加工企业, 带动新疆枸杞稳步发展。受地理、气候因子的影响, 果实多呈球形或椭球形。

1.1.4　青海省

青海省种植宁夏枸杞始于 20 世纪 60 年代, 主要集中在柴达木盆地的诺木洪农场, 当地称为"柴杞"。青海枸杞种植目前主要分布在海西州柴达木盆地的都兰、德令哈、格尔木、乌兰等县(市)和海南州共和县, 栽培水平粗放。受当地气温冷凉影响, 枸杞成熟期较长, 果实颗粒大而丰满。2002 年以来, 随着国家生态建设"三大工程"启动和实施, 枸杞产业得到了长足发展, 通过十几年发展, 截至 2015 年, 全省枸杞种植规模发展到 2.9 万 hm²。近年来, 柴达木枸杞产业以其较大的经济生态效益, 较广泛的从业人员和较深远的产业开发前景, 已成为当地农民群众脱贫致富和带动农村经济全面发展的"主导产业"和"富民产业"。近 10 年来, 青海高原枸杞产业技术研究通过省委省政府、科技部、国家林业局、省科技厅、省林业厅、省农牧厅的大力支持, 在枸杞种质资源创新、栽培技术研究、产品开发等方面取得了多项重要的技术成果。柴达木枸杞产业发展围绕产业升级, 通过枸杞优良品种、优质种苗快繁及栽培技术推广, 枸杞产品精深加工, 走出了一条枸杞产业区域化布局、规模化种植、标准化生产、产业化经营的跨越发展之路。

1.1.5　甘肃省

近年来, 甘肃省枸杞产业发展迅速。据调查, 2015 年全省枸杞种植面积约 4.79 万 hm², 产量约 8.3 万 t, 总产值约 27.98 亿元。分布在白银、酒泉、金昌、张掖、武威等地, 有枸杞种植合作社 430 余家。近几年甘肃省出台优惠和扶持政策, 推动枸杞产业的发展, 枸杞成为盐碱地开发和节水特色林果业的先锋树种, 使得甘肃地区枸杞种植面积成倍增长。河西走廊地区的一些市县大力发展枸杞产业, 鼓励一些移民乡镇种植枸杞, 如瓜州县、玉门市等。

民勤县则将枸杞作为调整农业产业结构的特色林果业品种之一。枸杞老产区景泰县和靖远县经过多年的发展,培育出了一批优秀的枸杞加工企业,能够带动当地枸杞产业的发展。

1.1.6　其他地区

河北省也是一个较为传统的枸杞种植区。中华人民共和国成立前,枸杞种植区集中在静海县(1961年6月,划归天津)和青县,所产枸杞史称"津枸杞"。20世纪60年代后期,枸杞产区逐步向巨鹿、衡水、石家庄地区转移,其中巨鹿被称为"河北枸杞之乡"。目前,主栽枸杞品种为北方枸杞和宁杞1号,另外,还有少量的其他枸杞品种。由于北方枸杞枝条较软,当地采取人工搭架的方式栽培。当地无霜期较长,一年有两季生产。干果产品流向本地药材市场,加工产品主要有枸杞饮料和枸杞冲剂。

湖北省种植宁夏枸杞始于20世纪80年代,主要集中在湖北麻城,种植品种以宁杞1号为主,兼有当地选育的8832等品系。产品有枸杞汁、口服液、枸杞醋、酒等。

西藏于21世纪初期,通过宁夏与西藏的科技合作项目引种成功,在拉萨、林芝等地区少量种植,目前正在极力打造"喜马拉雅枸杞"品牌。受高原辐射影响,枸杞老枝条呈棕红色。

1.2　枸杞生长发育对气象条件的要求

1.2.1　枸杞生长与气象条件

根据研究,枸杞发育期间积温高,生长周期长,容易获得高产。日夜温差小,呼吸蒸腾强度大,枸杞有效营养积累偏小;日夜温差大,枸杞有效营养积累多,容易获得优质产品。枸杞气候区划研究表明,枸杞全生育期≥10℃积温最优为3450℃·d;≥10℃积温在3200~3700℃·d,枸杞一般能获得正常产量;≥10℃积温在3200℃·d以下时,热量不足引起枸杞减产;枸杞全生育期最适日照时数为1640 h,在1500~1800 h,枸杞可获得较高的产

量;低于 1500 h 时,全生育期日数短,积温少,使枸杞减产;高于 1800 h 时,
与高温相伴,加速了夏果发育,延长了夏眠期,产量也会有所下降。

在宁夏枸杞主产区,枸杞主栽品种一般在 12 月—翌年 3 月中旬处于休
眠期。此期间枸杞生理活动微弱,气象条件对枸杞的生长影响较小,但仍然
有一定的间接作用。12 月气候越冷,枸杞园间的虫卵、细菌越不容易繁殖越
冬,因此,12 月气温相对寒冷一些对翌年枸杞产量有正的影响。经过 1 月份
的严寒后,末梢枝条保水性下降,2 月如果频繁出现刮风天气,易造成枝条抽
干,影响 4 月份发枝。

3 月下旬树液流动,4 月上中旬老眼枝发芽、展叶。3 月下旬,树液开始
流动,枝条表皮转绿。此时发生大风或沙尘天气,能加速枸杞枝干的水分散
失,损伤新芽。因此,3 月下旬的大风天气多,对枸杞生长极为不利。4 月上
旬正值枸杞萌芽期,降水有助于减少枝条抽干。

5 月上旬,枸杞进入新梢生长期和老眼枝现蕾始期,降水有利于新梢萌
生,5 月中旬是宁夏春夏转换期,气温波动大,同时枸杞适宜的界限温度开始
升高,此期间较低的日最低气温不利于枸杞快速生长。

5 月下旬老眼枝为幼果期,新枝为现蕾期。枸杞开花、幼果期需要相对
较低的温度条件,以延长营养生长和生殖生长的时间,分化更多的花蕾,获
得较高的产量。6 月上旬,老眼枝仍处在幼果期但新梢开花,沙尘暴会使花
蕾干枯或受精不良,造成脱落而影响产量。

6 月下旬是老眼枝果实成熟期和新梢幼果期,也是夏初气温迅速升高的
时期。高温、晴天、日照强烈和风速大对枸杞产量有明显的负影响,而适当
的降水、相对较高的湿度反而有助于枸杞产量的提高。一般认为高温、强日
照有利于果实迅速生长和成熟。但从枸杞耐低温、主要分布在我国北方的
特性说明枸杞并非是喜温植物,而是喜光、喜凉、耐高温、耐低温植物。但幼
果生长期枸杞不耐高温。高温会缩短幼果生长时间,从而使大量的果实集
中在一段相对缩短的时间内成熟,加重了植株营养供应负担。单果获取营
养减少使果实变小产量降低。降水量增加了空气湿度,有助于缓解其影响,
因而这两个因子与产量有正相关。该阶段的气象条件决定了夏眠期的早
迟,也决定了最终夏果量的大小。

7 月上旬至 8 月上旬是夏季最热的时期,平均气温一般在 20 ℃ 以上,期
间降水量不易过大,持续的降水易引起枸杞黑果病,影响枸杞品质。

8 月中旬至 9 月上旬,此期间为秋梢生长、现蕾、开花和幼果期,随着气

温的下降,温度条件在枸杞生长适宜范围内,但连续的秋雨易大面积爆发枸杞黑果病,故需要及时防范。

枸杞采收可持续到 10 月底。由于枸杞是无限花序,边开花边结果,因此自夏果开花始期起,除了中间经历较短的夏眠期外,多数时期枸杞花、幼果和熟果期重叠,果实不断成熟,需要分多批次采摘、晾晒。

1.2.2 枸杞生长的适宜气候条件分析

枸杞与温度:从主要分布区的气温看,一般年平均在 5.6～12.6℃ 的地方均可栽培。春季根系在地温达到 8～14℃ 时生长迅速,20～25℃ 时根系生长稳定,但气温继续升高,根系生长逐渐停止。4 月上旬气温达到 5℃ 以上时,花芽开始分化,4 月中旬气温达到 10℃ 时开始展叶,茎叶生长的适宜温度是 8～16℃。12℃ 时春梢开始生长,5 月上旬气温达到 16℃ 以上时开始开花,开花期温度以 20～22℃ 最适宜。果实生长发育的温度在 16℃ 以上,20～25℃ 为最适宜。夏果幼果期不耐高温,易受干热风影响。秋季气温 21～24℃ 时,利于秋季芽的萌发和茎生长,气温下降到 11℃ 时,果实生长发育迟缓,体形小,品质降低,但还能成熟。10 月底地温降到 10℃ 以下时根系基本停止生长。在 −41.5℃ 的低温条件下能安全越冬。

枸杞与光照:枸杞是喜光作物。光照的强弱和日照长短直接影响枸杞的生长发育。光照不足,植株发育不良,结果少;光照充足,则植株发育良好,产量高。树冠各部位因受光照强弱不一样,枝条坐果率也不一样,据宁夏中宁气象局多年观测经验,树冠顶部枝条因受光照充足,坐果率比中、下部枝条坐果率高。

枸杞与水分:据测定,在成熟的枸杞浆果中水分的含量约占 83%,枸杞的耐旱能力强。枸杞的根系发达并能向较远的土层吸收水分,年降水量不足 250 mm 的干旱、半干旱区仍能正常生长、开花结实。春季土壤水分不足影响萌芽和枝叶生长;秋季干旱使枝条和根系生长提前停止;花果期尤其是果熟期缺水,就会抑制树体和果实生长发育,使树体生长慢,果实小,还会促进花柄和果柄离层形成,加重落花落果,降低产量。生长季若连续阴雨时间长,成熟果实会吸水破裂,造成裂果,也易诱发病害,降低果实品质。

枸杞对降水的要求是,灌溉条件下,年降水量在 100～170 mm,枸杞产量不受降水的影响,夏果成熟始期前,降水对产量还有促进作用。降水量小于 100 mm 的干旱对枸杞产量有不利影响,降水量偏大,形成连阴雨易造成黑果病,阻碍正常采果,对枸杞产量有负作用。

　　枸杞与土壤:枸杞对土壤的适应性很强,在一般的土壤,如沙壤土、轻壤土、中壤土、黏土上都可以生长。枸杞的耐盐碱能力较强,一般在含盐量小于 0.2% 的土壤上生长良好,并且能够获得高产,甚至在含盐量 0.5% ~ 1.0% 的轻盐土地上也能生长。据实验研究,枸杞在表土含盐量为 1.0% 以上的盐土上仍能生长,但生长不良,结果很少。

参考文献

曹林,张爱玲,2015.我国枸杞产业发展的现状阶段与趋势分析[J].林业资源管理,(02): 4-8,30.

陈珺,沈富荣,刘静,2009.枸杞气象研究进展[J].宁夏农林科技,(06):76-79.

李向东,康天兰,刘学周,等,2017.甘肃省枸杞产业现状及发展建议[J].甘肃农业科技, (01):65-69.

刘福英,2016.青海省当前枸杞产业发展形势剖析[J].农技服务,33(11):144-145.

刘静,张晓煜,杨有林,等,2004.枸杞产量与气象条件的关系研究[J].中国农业气象, (01):19-23+26.

徐常青,刘赛,徐荣,等,2014.我国枸杞主产区生产现状调研及建议[J].中国中药杂志, 39(11):1979-1984.

王静梅,吴科,2012.2011 年宁夏中宁枸杞种植的气候条件分析[J].现代农业科技,(05): 310+313.

吴广生,唐慧锋,李瑞鹏,2008.宁夏枸杞在青海的发展现状[J].宁夏农林科技,(02):62 +19.

姚茜,贾晶,2017.青海省枸杞产业发展研究[J].攀登,36(01):77-80.

喻树龙,王健,任水莲,等,2005.新疆枸杞种植的气候分区[J].中国农业气象,(03): 205-207.

张波,罗青,王学琴,2014.不同产区宁夏枸杞品质分析比较[J].北方园艺,(15):165-168.

张磊,段晓凤,李红英,等,2014.宁夏枸杞生长的气象条件分析及管理措施[J].北方果树,(04):16-19.

张治华,温淑萍,王建锋,2014.宁夏高端枸杞产品发展现状、存在的问题及对策分析[J]. 农业科学研究,35(01):46-50.

第2章　气象条件对枸杞生长发育的影响

2.1　枸杞生理与气象

　　绿色植物利用太阳的光能,同 CO_2 和水制造有机物质并释放氧气的过程,称为光合作用。光合作用所产生的有机物主要是碳水化合物,并释放出能量。蒸腾作用是水分从活的植物体表面(主要是叶片)以水蒸气状态散失到大气中的过程,与物理学的蒸发过程不同,蒸腾作用不仅受外界环境条件的影响,而且还受植物本身的调节和控制,因此它是一种复杂的生理过程。

　　气孔是 CO_2 进入植物体、水蒸气逸出植物体的通道。气孔的开闭程度对蒸腾作用、光合作用具有重要的调控作用,关系到作物的水分消耗和产量形成。气孔的开闭受许多环境条件的影响,如水分供应、叶片的温度、光和 CO_2 浓度。在植物供水良好时,气孔的开闭主要受光照和 CO_2 浓度这两方面因素所调控。枸杞和大多数植物一样,气孔白天开放,夜间关闭。枸杞的蒸腾作用与光合作用之间存在着平行和依赖关系。枸杞产量、品质形成与枸杞生理、生态、环境因子的关系很密切,从枸杞光合、蒸腾与气孔导度等因子以及同时刻环境气象因子的基础观测入手,摸清气象条件与枸杞光合、蒸腾及气孔导度等影响干物质形成的植物生理因子间的关系,是开展枸杞气象研究的基础。

2.1.1　研究方法简述

　　选择3年生健康枸杞植株,采用英国 PPS 公司生产的 CIRAS-1 型便携式光合作用测定系统,测定枸杞叶片净光合速率、蒸腾速率、气孔导度、光合有效辐射、细胞间隙和环境 CO_2 浓度等若干植物生理因子的逐时变化。分别选择连续 4 株枸杞树中树体中部生长正常、无病斑的活体叶片测量其光合速率等因子,每个时次分别进行 4 次重复,以平均值作为该时次的测量结果。与此同时,利用农田小气候综合观测方法开展了同时刻 50 cm、100 cm、150 cm、200 cm 高度处气温、湿度、辐射和风速测定,气象观测采用自制的由气象常规仪器组合的小气候综合测定仪,每个时次各高度连续读取 2 次记录,以避免误读。

观测地点选择在宁夏惠农县黄渠拐子乡,属引黄灌区低洼盐碱地,平均地下水位 0.9 m,0～50 cm 土壤平均 pH 值为 8.4,土壤全盐为 1.12 g/kg,有机质含量为 13.6 g/kg,经土壤养分测定,土壤全氮 0.69 g/kg,其中水解氮 85.9 mg/kg,全磷 0.71 g/kg,全钾 19.7 g/kg,速效磷、速效钾含量分别为 35.6 mg/kg 和 143.5 mg/kg。枸杞田面积为 0.13 hm²,品种为宁杞 1 号。

2.1.2　枸杞生理与环境条件的关系

(1)枸杞净光合速率的日变化特征

枸杞叶片净光合速率的日变化呈双峰型(图 2.1),11 时和 15 时叶片净光合速率维持在较高水平上,而午后出现低谷,表明枸杞存在光午休现象。13—16 时气温和叶温均维持在高的水平上。

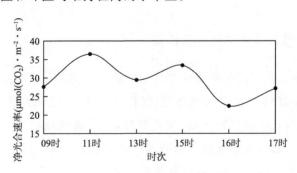

图 2.1　枸杞叶片净光合速率日变化

从影响净光合速率的外部环境因素和内部因素综合来看,枸杞是耐旱植物,长期的自然驯化使其对水分控制上有自身的特点。高温下,午后强辐射造成气孔叶片蒸腾失水加剧和叶温的升高,刺激了气孔,气孔导度降低,避免了过量失水,但同时使 CO_2 吸收量减少和体内营养物质的传输减慢,导致光合速率降低。另外,午后强光、高温的条件增大了叶片光呼吸消耗,使净光合速率下降。

(2)枸杞蒸腾速率的日变化特征

枸杞蒸腾速率日变化呈单峰曲线(图 2.2),上午随着气温的升高,蒸腾速率很快增大,但气温继续升高,出现光午休,气孔开张度减小,气孔阻力加大,蒸腾速率并没有继续增大,而是维持在相对较高但较平稳的水平上,15 时左右蒸腾速率再度上升,达到全天的最高值,下午随着气温下降,蒸腾速率也相应降低。冯显逵等(1999)观察到此时枸杞气孔较大,约 413 μm^2,叶面两侧均有分布,密度达 136 个 · mm^{-2},有典型耐旱植物的特征。

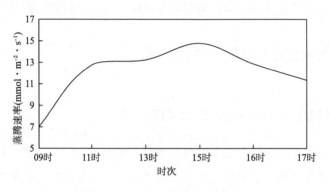

图 2.2　枸杞蒸腾速率日变化

(3)枸杞气孔导度的日变化特征

气孔导度反映了植物蒸腾速率和生理活性。枸杞气孔导度日变化呈双峰曲线。上午,随着光合作用的增强,气孔导度增大,13 时左右,在枸杞出现光午休时段,气孔导度迅速下降,气孔开度减小,说明枸杞光合午休直接由气孔导度降低引起,也引起枸杞蒸腾速率的降低,15 时以后,气孔导度迅速下降,蒸腾速率虽然也下降,却没有同步下降。

(4)枸杞净光合速率与蒸腾作用和气孔导度的关系

枸杞净光合速率(NPR)与蒸腾速率(TR)存在弱的二次曲线关系:

$$NPR = 41.883 - 3.414TR + 0.194TR^2 \quad (R^2 = 0.284, F = 1.023)$$

$$(2.1)$$

式中，NPR 为枸杞净光合速率（$\mu mol(CO_2) \cdot m^{-2} \cdot s^{-1}$），$TR$ 为枸杞蒸腾速率（$mmol \cdot m^{-2} \cdot s^{-1}$）。

蒸腾速率在 12 $mmol \cdot m^{-2} \cdot s^{-1}$ 以下，叶片净光合速率基本保持恒定，随着蒸腾速率的增大，光合速率急剧增大。

枸杞叶片净光合速率（NPR）与气孔导度（D）也密切相关：

$$NPR = 15.328 + 0.012D - 1.831 \times 10^{-6}D^2 \quad (R^2 = 0.590, F = 2.154)$$

(2.2)

式中，NPR 为枸杞净光合速率（$\mu mol(CO_2) \cdot m^{-2} \cdot s^{-1}$），$D$ 为枸杞气孔导度（$mmol \cdot m^{-2} \cdot s^{-1}$）。

气孔导度影响蒸腾，继而影响光合速率。气孔导度低于 3000 $mmol \cdot m^{-2} \cdot s^{-1}$，净光合速率随气孔导度的增大而增加，气孔导度继续增大，净光合速率表现平稳或略降。说明枸杞气孔导度大于该临界值后，气孔阻力对光合的限制作用消失。

(5)枸杞净光合速率与环境微气象因子的关系

阳光是植物光合作用的源，叶面接收的太阳总辐射与光合有效辐射呈线性关系，光合有效辐射直接反映了辐射的强度。一般认为，作物净光合速率与到达叶片的光合有效辐射存在如下关系：

$$NPR = \frac{P_{max}aI}{P_{max} + aI}$$

(2.3)

式中，P_{max} 为饱和光合速率（$\mu mol(CO_2) \cdot m^{-2} \cdot s^{-1}$），$I$ 为光合有效辐射（$\mu mol \cdot m^{-2} \cdot s^{-1}$），$a$ 为弱光光合效率（％）。但在枸杞生长过程中，净光合速率与叶面接收的光合有效辐射并没有表现出上述特点，而是呈线性关系（见图 2.3），随光合有效辐射的增加，净光合速率增大，可能与光合有效辐射范围窄，没有反映出真实的关系有关（见图 2.3）。

光合作用是酶促反映过程，根据生物学温度的三基点理论，净光合速率应与温度呈二次曲线型，观测表明，枸杞净光合速率与气温、叶温均接近二次曲线关系。叶温 27.3℃ 以下，净光合速率随温度升高呈线性增大，超过该转折点，温度继续升高，净光合速率反而下降，这时气孔开度开始减小，光合受到限制，该温度是枸杞光合作用的最适温度，也是产生光午休的叶温临界点。

净光合速率与水汽压 e 存在很强的抛物线关系。水汽压在 16 hPa 以内,净光合速率随水汽压增大而增大,大于 16 hPa,趋势相反。

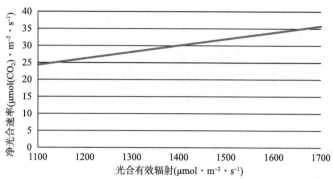

图 2.3　净光合速率与光合有效辐射的关系

(6)枸杞蒸腾速率与环境微气象因子的关系

随着辐射的增加,光合速率增大,植株需要进行较多的气体交换,气孔开度增大,造成枸杞蒸腾速率的增大。辐射强度通过调节气孔的开闭度来影响枸杞的蒸腾速率。辐射增加时,枸杞的蒸腾速率增加,二者呈线性关系,但因为是间接影响,其关系比较弱。

蒸腾速率 TR 与气温 T_a、叶温 T_L 均存在良好的抛物线关系,以叶温最显著:

$$TR = -280.1405 + 19.9672T_L - 0.3396T_L^2 \quad (R^2 = 0.841, F = 7.935)$$
(2.4)

$$TR = -616.9349 + 44.0537T_a - 0.7677T_a^2 \quad (R^2 = 0.824, F = 7.067)$$
(2.5)

上两式中,TR 为蒸腾速率(mmol · m^{-2} · s^{-1}),T_L 为叶面温度(℃),T_a 为空气温度(℃)。

枸杞叶温在 28.0℃ 以下,随着枸杞叶温的升高,蒸腾速率基本呈线性增大,较高的气温使气孔开度比气温较低时大,因气温高导致叶温也升高,枸杞为维持体温,必须加大蒸腾来散失热量;在 28.0~29.5℃ 范围内气孔开度减小,蒸腾速率增高幅度逐渐降低,在 29.5℃ 左右处达到最大蒸腾速率。叶温高于 29.5℃ 后,气孔开度减小,气孔导度降低速度加快,蒸腾速率相应降低。由于气温一般低于叶温,最适气温界限降低到 29.0℃,各界限温度普遍比叶温低 0.5℃(见图 2.4)。枸杞是旱生植物,出现这种温度界限明显的抛物线关系是比较客观的。

枸杞叶片蒸腾速率受外界环境湿度的影响也很大,一般相对湿度低于40%,蒸腾速率变化不大,高于此界限,蒸腾速率随环境相对湿度的增大而线性减小。二者的相关系数高达 0.9198,达极显著。蒸腾取决于叶片和空气水势差。若空气湿度低,叶片与空气水势差大,则蒸腾速率明显增大。在影响枸杞叶片蒸腾的外界环境气象因子中,气温、环境相对湿度起主导作用,风速在微弱时对蒸腾的影响不大。

细胞间隙 CO_2 浓度随蒸腾速率的增大而增加,许多研究认为,植物细胞间 CO_2 浓度是控制气孔开放的因素,气孔细胞壁膨压的维持与水分和 CO_2 浓度有关。蒸腾旺盛往往与光合作用旺盛相对应,植物吸收和同化固定的 CO_2 就越多,因此二者有正比关系。

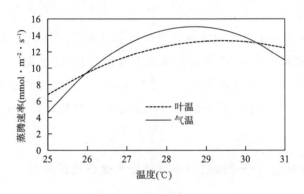

图 2.4　蒸腾速率与叶温和气温的关系

(7)枸杞气孔导度与环境微气象因子的关系

总辐射在 $700 \text{ J}/(\text{m}^2 \cdot \text{s})$ 以下时,气孔导度随总辐射的增大而增大,表明光合作用增强;总辐射超过此界限,气孔导度反而随总辐射的增大而减小,一般这段时间处于午后,正是枸杞出现光合午休时段,也正是因气孔关闭才出现了光合午休,因此,午后强光不利于枸杞进行光合作用。由于枸杞是旱生植物,强辐射引起叶温的升高,导致气孔关闭,反过来阻止水分蒸发,以达到生存的目的。

枸杞气孔导度与叶温、气温和冠层温度的关系均没有通过显著性检验,但都表现出随着温度的升高,气孔导度有增大的趋势,当温度超过某一界限,气孔导度迅速降低,表明枸杞为适应高温环境,减少水分消耗,气孔被迫关闭。它们之间的关系不能用简单的函数来表达。根据这种趋势,可初步确定出这个最适界限气温约为 28.4℃,叶温约为 28.0℃。也与光合速率转折点温度相同。

　　气孔导度受气孔内外的水汽压差(VPD)和外界环境相对湿度(RH)的影响很大。气孔导度随 VPD 的增大呈指数增大,水汽压梯度是造成水分从气孔内向外蒸腾的动力,VPD 越大,气孔导度变化越大,二者有明确的物理量对应关系。随着外界相对湿度不同,RH 在 45% 以下时,随着 RH 的增大,气孔导度也相应增大,但超过此限,气孔导度反而随 RH 的增大而减小,系因外界相对湿度的增大,减小了气孔内外的水汽压差所致。在西北干旱的宁夏地区,气温与相对湿度负相关,外界相对湿度过小时,往往与高温导致气孔关闭和光午休相联系,从这点可推断出枸杞气孔导度的最适相对湿度为 45% 左右。

　　由于细胞内外 CO_2 浓度差决定了枸杞细胞吸收 CO_2 的速度,也与光合干物质积累密切相关,一般净光合速率大时,气孔导度也较大。因此,增加环境 CO_2 浓度,即增大气孔内外 CO_2 浓度差,能增大气孔导度,植物吸收的 CO_2 增多,光合作用增强,积累的干物质也增多,是植物增施 CO_2 气肥能显著增产的原因。

(8)气温升高与干旱胁迫对宁夏枸杞光合作用的影响

　　随着干旱胁迫程度的加剧,枸杞净光合速率显著下降;在正常环境气温条件下,中度和重度干旱处理分别比正常供水处理下降 32.4%、54.7%;在增温条件下,中度和重度干旱处理下的净光合速率分别下降 17.5%、48.9%。随着干旱胁迫程度的加剧,气孔导度显著下降,中度和重度干旱处理的气孔导度分别比正常供水处理的下降 35.2% 和 64.6%;在增温条件下,随着干旱胁迫程度的加剧,气孔导度表现为先下降后升高的趋势,重度干旱处理的为正常供水处理的 72.7%。随着干旱胁迫程度的加剧,蒸腾速率显著下降;重度干旱处理下的蒸腾速率仅为正常供水处理的 57.1%;随着气温的升高,蒸腾速率增高,与正常环境气温相比,增温处理的平均仍升高了 10.4%;在正常环境气温处理中,随着干旱胁迫程度的加剧,水分利用效率(WUE)明显下降,重度干旱处理的 WUE 为正常供水处理的 35.5%;增温处理下枸杞叶片的平均 WUE 为正常环境气温处理的 57.8%,说明干旱胁迫和气温升高降低了枸杞的水分利用效率。

2.2　枸杞结果规律与气象条件分析

2.2.1　试验方法简述

试验设在宁夏中宁县康滩乡,土壤为砂质黏壤土,0~50 cm 土层平均 pH 值为 8.31,土壤全盐为 1.54 g/kg,有机质含量为 9.37 g/kg,经土壤养分测定,土壤全氮 0.63 g/kg,其中水解氮 0.104 g/kg,全磷 0.79 g/kg,全钾 14.3g/kg,速效磷、速效钾含量分别为 0.039 g/kg 和 0.023 g/kg。试验田面积分别为 933.3 m^2、466.7 m^2、200 m^2、66.7 m^2,供试品种为宁杞 1 号。从枸杞第一次采摘开始,平均 5~10 天采摘一次,观测项目为枸杞发育期、果实采摘日期、采摘鲜果量,气象数据取自中宁气象站观测资料。

2.2.2　枸杞产量的动态变化规律

(1)枸杞产量随采果期的变化规律

为分析枸杞结果动态,观测从枸杞树栽种第一年开始,连续观测三年。其采果时段和产量的变化情况见图 2.5。

第一年结果,树体较小,没有老眼枝果产量,夏果初期开始得也晚,始于 7 月 23 日,8 月 18 日达到夏果盛期,9 月 17 日是夏果末期,9 月 25 日进入秋果初期,秋果盛期一直维持到 10 月 9 日,最后一次采摘是 10 月 18 日,即秋果末期。第一年的结果规律为:夏果整个采摘期都推后,全年产量偏低,而且整体产量变幅小,峰值偏低,但枸杞前期营养生长消耗的养分较少,夏果盛期持续时间长,秋果量相对较大。

第二年结果,开始有老眼枝果产量,老眼枝果第一次在 6 月 15 日采摘,6 月 29 日老眼枝果采摘结束,这一年老眼枝果产量偏低,仅占总产的百分之一左右,采摘期短,仅半个月时间。7 月初开始进入夏果初期,7 月 17 日进入夏果盛期,持续时间较长,8 月 13 日进入夏果末期,夏果采摘结束进入夏眠期,9 月 11 日秋果始期,9 月中旬至 10 月上旬是秋果盛期,10 月中旬以后逐渐进入秋果末期,11 月 2 日最后一次采果。

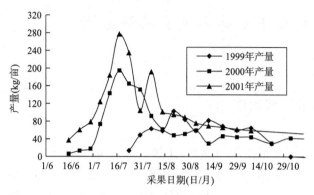

图 2.5　枸杞产量动态图

第三年,枸杞产量进入高峰年,老眼枝果成熟日期提前至 6 月 11 日且产量明显提高,采摘期持续了 20 天左右。7 月上旬后期进入夏果初期,7 月中旬进入夏果盛期。经过多次采摘,7 月下旬结果量降低。经过 20 天的营养积累,8 月上旬末又出现一次产量小高峰,以后逐渐进入夏果末期,9 月上旬采摘基本结束。

从产量动态可看出,从结果第二年开始有老眼枝果,枸杞果 6 月中旬成熟,7 月进入夏果产量高峰,8 月为夏眠期,9 月中旬至 10 月中旬为秋果生长成熟期。从全年产量构成看出,夏果产量占总产比例高,一般可占 60%～70%,老眼枝果占总产的 20%～30%左右,秋果占 10%左右。

(2)枸杞产量随树龄变化规律

随树龄增加,枸杞果实成熟期提前,夏果盛期产量峰值明显增大,总产提高(图 2.6)。第一年的枸杞树不结老眼枝果,第二年老眼枝果占总产的 1%～2%,第三年,老眼枝果可占到 20%～30%。夏果成熟期随树龄不同也不相同,一般在长成成树前,夏果成熟期随树龄的增加而提前,逐渐接近成树后,夏果成熟期稳定在 6 月下旬至 7 月上旬。树龄不同产量分布也有差异,第一年主要是树体的生长成形期,结果量小,分布较均匀,但果实大品质好。第二年夏果量占的比重越来越大,到了第三年,夏果盛期产量占到了总产的 70%以上。

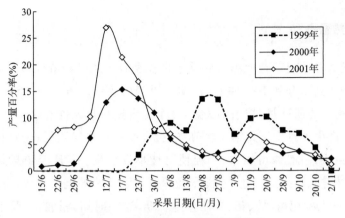

图 2.6　枸杞产量百分率随树龄变化

2.2.3　枸杞生育期气象条件分析

经过三年的气象观测,得出实验区宁夏枸杞全生育期平均气温为 17.2℃,≥0℃积温为 3443.5 ℃·d,平均日较差为 13.5℃,累计降水量为 238.1 mm,平均相对湿度为 62%,日照时数为 1706.8 h(表 2.1)。

表 2.1　枸杞发育期及气象条件

要素	发育期	日平均气温（℃）	≥0℃积温（℃·d）	极端最高（℃）	极端最低（℃）	平均日较差（℃）	平均相对湿度（%）	最小相对湿度（%）	降水量（mm）	降水日数（d）	日照时数（h）
展叶始期	4 月 20 日	12.8	68.1	24.1	−0.1	16.2	37	6	0.9	1	44
展叶盛期	4 月 25 日	14.1	79.6	28.5	1.4	16.7	33	8	4.6	1	50
春梢生长期	4 月 30 日	12.8	59.0	25.2	0.1	17.3	33	7	0.0	0	41
开花始期	5 月 9 日	17.4	168.6	31.6	3.9	16.5	48	10	6.4	2	94
开花盛期	5 月 18 日	15.8	130.9	27.4	5.7	11.5	64	21	24.4	4	61
果实形成	5 月 23 日	16.8	99.5	26.3	9.3	10.6	59	23	8.6	2	48
果实成熟始期	6 月 14 日	19.8	420.9	32.3	8.1	13.9	56	15	32.2	5	203
果实成熟盛期	6 月 21 日	20.9	155.7	31.1	11.5	12.2	64	17	8.1	2	67
叶变色始期	8 月 6 日	22.4	1006.9	35.0	11.5	12.4	64	17	49.4	13	412
叶变色盛期	8 月 11 日	23.1	184.4	34.4	13.4	12.5	66	23	22.0	2	68
秋梢生长期	8 月 18 日	21.2	163.2	31.7	13.0	12.7	68	25	8.9	2	75
秋梢开花期	9 月 12 日	18.5	424.2	29.7	8.5	12.5	72	26	51.5	8	196
秋果成熟期	9 月 26 日	14.9	239.6	25.6	5.3	12.5	74	27	12.4	5	107
秋季落叶始期	10 月 21 日	10.0	261.7	25.3	−2.7	14.3	66	14	19.8	6	193
秋季落叶盛期	11 月 4 日	6.8	73.7	19.3	−4.3	15.1	57	14	0.1	0	80
全生育期		17.2	3443.5	35.0	−4.3	13.5	62	5	238.1	53	1707

(1)热量条件

枸杞从春季萌芽到秋季落叶整个生长季日平均气温在 7.0～23.8℃之间。春季气温回升到 10℃左右时,枸杞树开始萌芽。若春季气温回升快且温度高,枸杞树萌芽早,枝条生长好,整个生育期热量条件充足,有利于秋果形成。生产中 4 月中下旬第一次剪修枝条,如果春季气温低,老眼枝生长迟缓,坐果量小,一般修剪较重,可促使夏枝早发多发。5 月下旬夏果果枝开花,老眼枝进入幼果期。这一阶段气温高,老眼枝幼果坐果量大,且果粒大。6 月上旬进入枸杞树、枝、花、果旺盛生长期,这一时期是枸杞产量形成的重要时期,平均气温≥22.7℃,平均最高气温≤29.3℃,≥0℃积温大于等于1161.1 ℃·d,对枸杞生长有利。8 月初枸杞进入夏眠期,开始秋季营养生长,此间气温高秋枝萌发早,秋梢生长良好,有利于秋果形成。9 月下旬进入秋果成熟期,若秋季降温快,霜冻来得早,则影响枸杞果实正常发育和成熟,秋果产量和质量年际变化大。

(2)水分条件

枸杞根系发达,耐旱力强,不同生育期对水分的要求不同。春季为枸杞营养生长期,现蕾到开花期水分要充足,果实膨大期,如果缺水会影响树体和果实生长发育,果实小,且加重落花落果。果实成熟期则要适当控制水分,枸杞成熟期极短,成熟后 2～3 天内必须采摘,否则成熟的果实遇到阴雨天气容易开裂,晾干后枸杞品质很差,经济价值低,一般不采摘,从而影响产量;同时降水偏多,枸杞易发生黑果病,从而降低产量并影响果实质量。

(3)光照条件

枸杞是强光性树种,宁夏中宁地区枸杞全生育期日照时数为 1706.8 h,日照百分率 67%,光能资源丰富,可满足枸杞生长发育需要。但降水与日照相互制约,在枸杞果熟盛期,晴朗的天气有利于果实成长及着色,如果阴雨天偏多,日照偏少,不利于果实着色而影响其品质,同时不利于及时晾干,最终影响产量。

2.3　枸杞园间小气候特征

2.3.1　试验方法简述

选择 3 年生、6 年生和 15 年生的枸杞园,代表幼树、成树和老树,品种均为宁杞 1 号,面积均为 0.13 hm²,平均密度相同,树体平均高度 3 年生为 1.2 m,6 年生为 1.5 m,15 年生为 1.8 m。3 年生枸杞试验设在宁夏惠农县,属引黄灌区低洼盐碱地,为黏壤土,平均地下水位 0.9 m,0~50 cm 土层平均 pH 值为 8.4。6 年生和 15 年生枸杞试验设在银川郊区枸杞研究所,属贺兰山冲积平原,以壤质黏土和沙质壤土为主,平均 pH 值为 8.8。分别在夏果盛期开展连续 24 h 加密观测,逐时观测枸杞园间不同部位辐射、照度、气温、相对湿度、风速和 0~20 cm 土壤温度。枸杞园均为南北行向,行距 2.0 m,株距 1.5 m。辐射和照度观测设计成距离树行与离地高度 2 维平面观测,以便了解树体与行间辐射分布规律。

2.3.2　枸杞园间小气候特征分析

(1)园间辐射分布

从植株树冠内外光分布来看,在树冠外部最大,内部较小,但树枝集中的侧面最小,观察发现,光强弱的空间结果率低,大部分花蕾脱落,表明枸杞喜光。

辐射的铅直分布:太阳光进入枸杞园间后,受到枸杞枝、叶的影响,一部分被吸收、部分被反射,还有一部分阳光透过第一层叶片进入第二层后又被吸收、反射等等,其中少量太阳光穿过枸杞茎叶空隙直接到达地面。总之,在枸杞园间,太阳光能经过多次反射、吸收和透射作用,这个过程构成了辐射在枸杞园间的铅直分布。由于测量仪器探头面积小,而晴天枸杞园下层阳光斑驳,所测数据差异较大,无法正确反映其光照规律。因此,选择阴天进行测量。图 2.7a、2.7b 为不同树龄的枸杞行间、株间的辐射的铅直分布图。

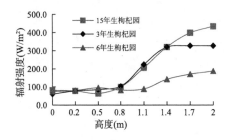

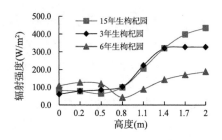

图 2.7a　株间辐射的铅直分布　　　　图 2.7b　行间辐射的铅直分布

　　辐射的铅直分布规律在行间和株间基本上是相似的,都是从上向下递减,在植株中部最小,但植株下部略有增大。行间辐射递减速率较均匀。6年生枸杞枝叶茂盛,其园间辐射强度较15年生和3年生枸杞园间辐射要弱。从行辐射百分率来看,在中上部各个树龄的辐射削减速率基本相似,但在中下部,6年生枸杞削减速率最快,地面辐射只相当于顶部的38%。

　　辐射的水平分布:由于树冠的遮挡作用,树体周围的辐射存在强度差异,随着距离树干的远近辐射水平分布不同,由于相同的原因,选择晕天的辐射研究其水平分布。图 2.8 为辐射在枸杞园上、中、下部的水平分布。上部辐射最强,下部因树体遮挡,辐射最弱,下部在距树干水平距离 50 cm 内辐射很小,60 cm 之外逐渐增强。而中部在 20 cm 之外就开始增强。上部始终处于强辐射下,没有变化。

　　辐射的日变化:图 2.9 为 50 cm 高度上,辐射的日变化规律。在日出、日落时,辐射几乎为 0,随着时间的推移,辐射也逐渐增大,到 13 时达到最大值。13 时后又逐渐减小,散射辐射在最高点的相位较总辐射与反射辐射推后约一小时,与自然光强的日变化有相同的特征,由于有枸杞叶的遮挡,其强度比露地小得多。枸杞园间不同高度上的辐射强度均有此日变化规律。

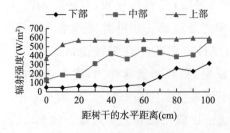

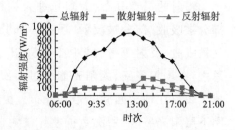

图 2.8　枸杞园间辐射的水平分布　　　图 2.9　晴天中辐射日变化规律

　　辐射的衰减系数与辐射的计算：辐射从树冠向下逐渐衰减，然而其衰减系数不易确定，主要是树冠庞大没有相对固定的参照点，从另一个角度考虑，辐射随距树根部的距离增加而增加的，其参照点为树的根部。根据以上思路，可将其衰减系数变为相对根部的辐射增加系数（简称辐射系数）。任一点的辐射平衡关系式为：

$$K \frac{\mathrm{d}\theta}{\mathrm{d}r} = K_x \frac{\partial \theta}{\partial x} + K_y \frac{\partial \theta}{\partial y} \tag{2.6}$$

式中，K 为任一点相对于根部的辐射系数，表明辐射穿过枸杞冠层内单位距离的辐射衰减（$\mathrm{J/(m^2 \cdot S \cdot cm)}$），$\frac{\mathrm{d}\theta}{\mathrm{d}r}$ 为该点相对于根部的辐射衰减量。K_x 和 K_y 为水平和垂直方向上的辐射系数。$\frac{\partial \theta}{\partial x}$ 与 $\frac{\partial \theta}{\partial y}$ 为水平和垂直方向上的辐射衰减量。

　　当 $\partial x = 1(\mathrm{cm})$ 时，$K_x = \frac{\partial \theta}{\partial x}$，$K_y = \frac{\partial \theta}{\partial y}$。根据实测的辐射垂直和水平分布资料，可计算并绘制出辐射的垂直系数曲线与水平系数曲线（图略），在距树干不同的距离下，均存在辐射随高度的辐射系数曲线，因此可计算并绘制出辐射在不同水平距离下的随高度变化的系数普查表。如图 2.10。

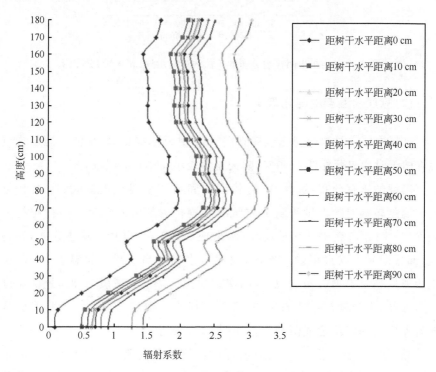

图 2.10　辐射系数普查（附彩图）

现就图 2.10 举例说明如何求任一点的辐射值,在图上任取一点(假设其距树干的水平距离为 20 cm,高度为 40 cm),根据图 2.10,查出其辐射系数为 1.8,根据勾股定律 $r^2 = x^2 + y^2$,其距树根的距离为 44.7 cm,即可得到辐射能为 80.46 J/(m² · S)。以上计算在辐射的水平距离不是整 10 个厘米数的情况下可通过内插法求辐射系数。

同时,在上述研究的基础上绘制出了辐射分布状况等值线图(见图 2.11)。只要确定了测点距树根部的水平和垂直距离便可查出。

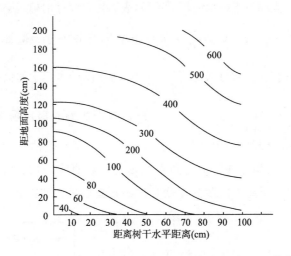

图 2.11 枸杞田间辐射分布的等值线(单位:J/(m² · S))分布图

(2)冠层内温度的变化规律

枸杞冠层内温度的变化规律在晴天和阴天基本相似,总体上冠层内气温在晴天时比树冠外低 1～3℃,阴天相差较小,行间气温较高。

温度的垂直分布:选择 05 时代表夜间或清晨温度较低时、14 时代表白天温度较高时的温度垂直分布状况。枸杞树龄为 6 年生。在枸杞树冠表面,14 时左右获得的热量比较多,出现最高温度,并由此向下递减,在地表,部分阳光可以直接射入地表,因此地表温度高于活动面温度,14 时的土壤温度呈日射型分布,即温度随深度加深而降低。清晨 05 时,地面温度不是很低,因为枸杞茎叶的保护,有效辐射小。清晨土壤温度的垂直廓线随着深度的加深温度逐渐升高。如图 2.12 所示。

温度的日变化:图 2.13 为枸杞园间温度的日变化,选择晴天,10 cm 地温和 100 cm 高度气温为代表。从图中看出,11 时开始,地温呈缓慢上升趋势,直到 17 时左右达到最大值,然后又缓慢减小至 09 时。由于树冠的遮阴作用,其昼夜温差较小。树冠部分在 11 时后温度明显上升在 14 时达到最大值。然后开始迅速下降,期间受天气状况的影响略有波动,到 02—06 时降到最低值。从 06 时开始又迅速上升。

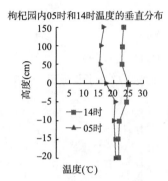

图 2.12　枸杞园内 05 时和 14 时温度的垂直分布

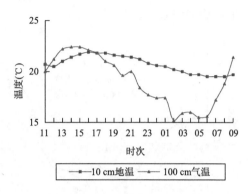

图 2.13　枸杞园间温度的日变化

(3)湿度变化规律

不同高度下枸杞园的相对湿度的日变化规律基本相同,即在 21 时之后,早晨 06 时之前相对湿度最大,随着白天的开始,相对湿度逐渐减弱,到 12—15 时到达最低值,然后随着温度的降低,相对湿度又逐渐增大。空气相对湿度树冠的下部最大,中上部次之,行间最小。越靠近地表,凌晨的相对湿度越大,雨后可达到 100%,这些部位的枸杞往往出现黑果,与相对湿度过大有关(见图 2.14)。

(4)园间微风变化规律

选择上午 09 时同时测量枸杞行间和株间不同高度的微风风速,可以分析其风速的垂直变化规律。

行间和株间的风速垂直分布规律相似,在地面,风速几乎为 0,随着高度的上升,风速逐渐增大,但增大的幅度不明显,当快到达树冠时,风速明显增大,到达 200 cm 高度时,风速值与露地风速接近。行间的整体风速大于株间,是因为行间树体遮挡作用较小的原因(见图 2.15)。

枸杞园内辐射、气温、地温、风速等气象要素均随着植被覆盖度的增加而减小,而园间相对湿度则反之,随着植被覆盖度增加而增大。枸杞是喜光作物,辐射增强可提高其品质,而相对湿度增加却对其品质有不利影响。因而,安排合理的株距、行距,调节其种植密度,可在一定程度上改善其小气候环境,以提高枸杞的产量和品质,防止枸杞病害的发生,从而提高枸杞种植的综合经济效益。

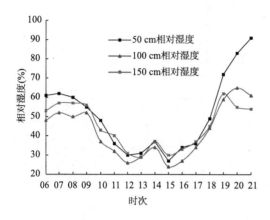

图 2.14 枸杞园间不同高度相对湿度的日变化   图 2.15 枸杞园间微风的垂直分布

2.4 光照对枸杞生长的影响

2.4.1 实验方法简述

试验设在银川郊区枸杞研究所,属贺兰山冲积平原,以沙质壤土为主。选择 6 年生的枸杞园,品种为宁杞 1 号,面积为 0.13 hm²,平均密度相同,树体平均高度 1.5 m。选择黑色遮阳网进行 0.5 层、1 层、2 层、3 层遮光处理,以大田作对照。遮光试验设在大田的中央,每种处理试区遮光面积为 5.0 m×2.2 m,遮光高度为 2.2 m,南北两侧各留出 1 m 高的空间不设遮阳网,以保证通风良好。遮光 0.5 层的处理方法是将原网孔每隔一个孔眼剪开,增大透光量。遮阳后,每隔 7 天选择当日开花的 20 个枝条挂牌,观测枸杞发育期生长特性,以大田为对照开展平行观测直到果实成熟。

2.4.2　遮光后气象要素的变化

选择夏果采摘期晴朗无云天气进行了连续 24 小时小气候加密观测。图 2.16 表明,由于遮蔽层数不同,引起了冠层总辐射的变化。但由于遮阳网密度大,各处理透光率低,0.5 层、1 层、2 层、3 层平均透光率依次为:36.6%、31.0%、12.3% 和 6.6%,0.5 层与 1 层网透光率差异较小,2 层与 3 层差异也不大,因此,可将遮光处理看成 3 个较明显的区分层次。不同遮光处理的辐射垂直分布(图 2.17)可看出,遮光 0.5 层辐射在 100 cm 以上衰减,下部与外界辐射相同;遮光 1 层以上辐射在 100 cm 以上有明显差异,100 cm 以下衰减大,且各处理差异较小,是遮光处理的衰减与树体对辐射的衰减叠加的结果,因此,从上部植物吸收辐射来说,各处理辐射差异显著。

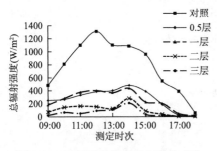

图 2.16　不同遮光处理总辐射的变化

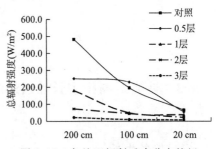

图 2.17　各处理辐射垂直分布特征

图 2.18 显示 09:00—13:00 各遮光处理气温均高于外界,0.5 层—3 层最大高出外界气温依次为 2.1℃、1.9℃、1.8℃ 和 0.6℃,是遮阳网对放射长波辐射的阻挡造成的,而其他时段网内气温低于外界,0.5 层—3 层的气温最大差异依次比外界低 1.3℃、2.7℃、2.7℃ 和 3.0℃,从日平均气温来看,0.5 层高出外界 0.3℃,1—3 层依次比外界低 0.3℃、0.4℃ 和 1.2℃。差异比较小,特别是各处理间气温差异更小,遮阳网能进行空气平流热交换,满足了试验要求。图 2.19 表明,0.5 层—3 层日平均相对湿度依次比外界高 3.0%、4.6%、9.2% 和 12.5%,差异较大的时段出现在 22:00—02:00 和 09:00—16:00,而早晨、傍晚转换期间差异较小。不同处理的湿度差异造成光线越弱,黑果病越重的差异,因此在考样时,剔除了黑果的干扰。图 2.20 可看出,各遮光处理风速均远远低于外界,但各处理之间风速接近,因此,风速对辐射的组内干扰不大。

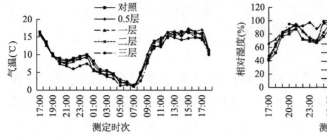

图 2.18　不同遮光处理气温差异

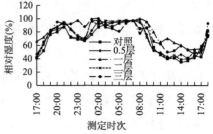

图 2.19　不同遮光处理空气相对湿度变化

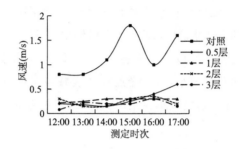

图 2.20　不同遮光处理的风速变化

2.4.3　遮光对枸杞生长性状的影响

(1)枝条生长

自 7 月 21 日遮光后,枝条表现出较大差异。遮光 10 d 后,夏果枝条生长受限,果枝腋芽抑制被打破,生出一些新芽,但退化为营养枝,生长迅速但很纤细,果枝营养被分散,伸长受抑,加上光合不足,枝条长度比对照短了 10 cm以上,木质化程度降低;9 月 11 日是秋条生长期,由于遮光打破了顶端抑制,比外界枸杞提前生长秋条,因此各处理秋条长度均比外界同期长,但很纤细,枝条不再萌发二次果枝,直至生长期结束。10 月 14 日的结果可看出,各处理的秋条长度都不如外界枸杞,与光合积累不足有关。从组内枝条长度同期对比来看,有光线越弱,枝条伸展长度越长的规律,与紫外光不足对顶端的抑制不足有关,也与植物自身要争取光源的生物特性有关。从这个结果可以推断,枸杞是喜光植物,在南方阴雨多的地区种植,会表现出果枝节位间距离长,形成的树冠比北方干旱地区大,不利于通风透光,也容易形成黑果(表2.2)。

表 2.2　不同遮光期各遮光处理的果枝伸展长度(cm)

测定日期	7月21日	7月31日	8月11日	9月11日	9月23日	10月3日	10月14日
遮光天数	0	10	21	52	64	74	85
CK*	31.1	39.6	50.4	62.9	33.4	53.0	53.2
0.5层	31.1	27.6	—	78.7	43.2	46.0	52.0
1层	31.1	27.6		68.2	33.2	51.2	33.8
2层	31.1	28.4	—	71.4	44.6	58.6	36.0
3层	31.1	31.4	—	44.9	37.1	52.0	38.8

*CK 指对照处理,下同。

(2)叶面积

遮光对叶面积的影响很大。遮光 10 d 后,由于缺少营养,枸杞叶片发生脱落,以减少呼吸消耗,维持养分平衡,遮光越多,脱落越重。到 8 月 11 日,除了 0.5 层的处理仍有功能叶外,其他遮光处理叶片几乎全部脱落(表 2.3)。

表 2.3　不同遮光处理夏果枝单枝叶面积(cm²)

测定日期	7月21日	7月31日	8月11日
CK	134.0	159.8	212.7
0.5层	134.0	64.2	53.8
1层	134.0	38.2	—
2层	134.0	28.5	—
3层	134.0	16.8	—

(3)果节数

果节数是指果枝结果的节位数,代表着果枝生产能力。由于枸杞有无限生长习性,气象条件和营养如果一直能跟上,果枝上的果节数会一直生长和分化。当气温偏高、挂果多,果枝自然封顶,因此,果节数本质上是自身营养平衡的结果。在光照不足的情况下,光照越少,果节数也越少,弱光处理的枝条果节间距离明显变长,是造成果节数减少的原因,见表 2.4。

表 2.4　不同遮光处理夏果枝单枝果节数(个)

测定日期	7 月 21 日	7 月 31 日	8 月 11 日	9 月 11 日	9 月 23 日	10 月 3 日	10 月 14 日
CK	23.9	33.4	42.5	44.2	28.4	38.2	38.2
0.5 层	23.9	21.0	36.8	42.8	33.4	36.5	38.6
1 层	23.9	21.0		43.4	26.6	40.4	33.8
2 层	23.9	16.8		39.8	30.6	35.0	27.0
3 层	23.9	20.0		27.2	23.6	27.4	25.0

　　遮网覆盖后的植株现蕾期推迟了 3 天,开花期推迟了 5 天,果实成熟期也根据不同遮盖厚度相应推迟,说明遮网后光照不足,光合速率明显降低,降低了光合能力,使光合积累减少,白天温度明显降低,不能满足枸杞生长发育所需的温度和光照条件。延缓了生育期,表现出贪青晚熟。

参考文献

白祥和,吴存祥,曲文章,等,1995.甜菜群体光合速率日变化与生理生态因子关系的研究[J].中国甜菜糖业,**1**:18-20.

崔兴国,2002.植物蒸腾作用与光合作用的关系[J].衡水师专学报,(03):55-56.

邓仲篪,1994.水稻光合日变化与内生节奏的关系[J].中国水稻科学,**8**(1):9-14.

董永祥,周仲显,1986.宁夏气候与农业[M].银川:宁夏人民出版社:121-129.

冯定原,邱新法,颜景义,等,1995.水稻净光合的模拟研究[J].南京气象学院学报,**18**(2):269-275.

冯显逵,宋玉霞,1999.宁夏枸杞形态解剖特征的观察[C]//宁夏枸杞研究.银川:宁夏人民出版社:29-30.

傅金民,1994.夏大豆群体光合特性的研究[J].大豆科学,(01):16-21.

傅金民,苏芳,张庚灵,1995.花生群体光合速率发展动态和日变化[J].中国油料.**17**(3):17-21.

高丽红,凌丽娟,刘京琳,等,1996.遮阳网覆盖对夏白菜产量与品质的影响[J].中国蔬菜,(06):13-17.

胡会庆,刘安国,王维金,1998.油菜光合速率日变化的初步研究[J].华中农业大学学报,**17**(5):430-434.

韩鹰,陈刚,李克武,等,1999.外部因素对小麦旗叶光合速率和 Rubisco 活性的影响[J].江苏农业研究,**20**(3):27-32.

廖建雄,王根轩,2000.植物的气孔振荡及其应用前景[J].植物生理学通讯,(03):272-276.

刘静,王连喜,戴小笠,等,2003.枸杞叶片净光合速率与其他生理参数及环境微气象因子的关系[J].干旱地区农业研究,(02):95-98.

刘静,王连喜,马力文,等,2003.枸杞的生理因子与外环境气象因子的日变化规律研究[J].干旱地区农业研究,(01):77-82.

刘静,王连喜,李凤霞,等,2003.枸杞叶片蒸腾与生理及微气象因子的关系研究[J].中国生态农业学报,(04):45-47.

刘静,李凤霞,叶殿秀,等,2004.光照对枸杞生长与产量、品质形成的影响[C]//中国气象学会 2004 年年会论文集(下册).北京:气象出版社:2.

路安民,1999.中国枸杞属的分类研究[C]//宁夏枸杞研究.银川:宁夏人民出版社:3-10.

坪井八十二,1985.新编农业气象手册[M].北京:农业出版社:91-96.

钱妙芬,潘永,2001.塑料遮阳网大棚小气候观测与分析[J].成都信息工程学院学报,(02):105-109.

石培华,冷石林,1995.植物气孔导度与表面温度的环境响应模型研究综述[J].水土保持研究,2(1):23-40.

王焘,郑国生,邹琦,1997.干旱与正常供水条件下小麦光合午休及其机理的研究[J].华北农学报,12(4):48-51.

翁笃鸣,陈万隆,沈觉成,等,1981.小气候和农田小气候[M].北京:农业出版社:4-356.

武志海,杨美英,吴春胜,等,2001.玉米群体冠层内蒸腾速率与气孔导度的变化特性[J].吉林农业大学学报,23(4):18-20,24.

许兴,郑国琦,周涛,等,2002.宁夏枸杞耐盐性与生理生化特征研究[J].中国生态农业学报,(03):74-77.

杨青松,廖伟彪,穆俊祥,2015.植物生物学理论及新进展研究[M].北京:中国水利水电出版社:104-105.

赵琴,潘静,曹兵,等,2015.气温升高与干旱胁迫对宁夏枸杞光合作用的影响[J].生态学报,35(18):6016-6022.

郑国琦,张磊,郑国保,等,2010.不同灌水量对干旱区枸杞叶片结构、光合生理参数和产量的影响[J].应用生态学报,21(11):2806-2813.

郑有飞,颜景义,万长建,等,1995.小麦作物光合生产模拟研究[J].南京气象学院学报,18(4):566-571.

Cumming B G E Wegner, 1968. Rhythmic processes in plants[J]. Ann Rev Plant Physiol, 19:381-408.

Gates,1968. Transpiration and leaf temperature[J]. Ann Rev Plant Phgsiol,19:211-238.

第 3 章　气象条件对枸杞产量的影响

3.1　气象条件对枸杞产量的影响

3.1.1　资料和处理

枸杞产量资料选自宁夏回族自治区统计局 1975—2001 年年报中枸杞种植面积、结果面积和产量。由于枸杞新增面积一般当年就能结一部分果,历年新增面积又相对稳定,因此,利用产量与结果面积基本能代表整体单产水平。气象资料采用中宁县同年逐日数据,发育期资料参考宁夏中宁气象局枸杞农业气象观测报表和部分项目试验总结。

作物产量决定于作物品种特性、农业科技水平、管理水平和土壤、气象条件。产量的时间序列可分为平稳变化项 Y_t 和显著波动项 Y_m。即:

$$Y = Y_t + Y_m \tag{3.1}$$

引起年际间产量波动的主要原因是年际间气象条件的差异,研究气象因子对枸杞产量所造成的影响,须剔除受品种特性、科技和管理水平等因子所决定的趋势产量。将历史单产按正交多项式分解:

$$Y_t = 967.57 - 85.966t + 8.062t^2 - 0.1295t^3 \tag{3.2}$$

式中,t 为年序,从 1975 年有统计资料开始,$t=1$。为消除量纲的影响,采用相对气象产量:

$$Y_w = \frac{Y - Y_t}{Y_t} \tag{3.3}$$

与气象因子寻找相关关系。

3.1.2　枸杞全生育期热量、光照的界限指标

利用历年逐日气象资料,分别计算历年平均气温稳定通过 0℃、3℃、5℃、10℃、15℃、20℃和 22℃期间持续日数、各界限温度期间的活动积温、降水量、日照时数,并分别与相对气象产量 Y_w 进行相关筛选,得到引起枸杞产量波动的主要气象因子是枸杞可利用生育期日数、界限温度期间积温和日照。在影响枸杞产量的气象因子中,≥10℃期间的持续日数正相关达到了极显著,期间活动积温正相关也很显著,显示影响枸杞产量的界限温度为10℃左右,是评价枸杞热量、光照条件的界限指标和首选因子。枸杞气象产量与全生育期积温、日照时数和可利用日数的模拟结果见表 3.1,均通过显著性检验,而各因子的其他界限温度的曲线模拟大都没有通过显著性检验。因此,衡量枸杞热量、水分和光照条件应以≥10℃期间气象要素为主,10℃是枸杞热量等因子的最优界限温度。

表 3.1　≥10℃期间气象要素与相对气象产量的关系方程

因子	方程	R^2	F	Sign F
$T \geqslant 10℃$ 持续日数(d)	$Y_{w1} = -9.7604 + 1.8902\ln(D_{T \geqslant 10℃})$	0.306	10.163	0.0041
$T \geqslant 10℃$ 活动积温(℃·d)	$Y_{w2} = -17.1492 + 0.01\sum T_{\geqslant 10℃} - 1.4418 \times 10^{-6}\sum T^2_{\geqslant 10℃}$	0.247	3.773	0.038
$T \geqslant 10℃$ 期间降水量(mm)	$Y_{w3} = -2.3247 + 0.0462\sum R_{\geqslant 10℃} - 0.0003\sum R_{\geqslant 10℃} + 5.186 \times 10^{-7}\sum R^3_{\geqslant 10℃}$	0.430	5.527	0.0055
$T \geqslant 10℃$ 期间累积日照时数(h)	$Y_{w4} = -10.289 + 0.0126\sum S_{\geqslant 10℃} - 3.8387 \times 10^{-6}\sum S^2_{\geqslant 10℃}$	0.172	2.396	0.1134

图 3.1 分别是枸杞全生育期各显著因子的模拟曲线,其中图 3.1a 表明,随着≥10℃期间日数的增加,为枸杞提供了更长的生长时间,由于枸杞有无限生长习性,气象产量也会增加,收果批次也增多。戴凯书(1994)的研究表明,湖北引种的宁夏枸杞与当地枸杞的杂交种能在 7 月收夏果,9 月收伏果,11 月收秋果,一年能收 3 茬枸杞就是例证,当然,该地区因降水多,枸杞根腐病和黑果病严重,实际产量并不高。

图 3.1b 表明枸杞萌芽至初霜最优≥10℃积温为 3450 ℃·d,≥10℃积温在 3200~3600 ℃·d 范围内,枸杞一般能获得正常产量,热量不是枸杞限

制因子;≥10℃积温在3200 ℃·d以下时,热量不足引起枸杞减产,秋果采收批次减少,往往与秋季降温和霜冻来临过早有关;而≥10℃积温超过3600 ℃·d的年份往往与6—9月高温有关,一是缩短了以夏果为主的产量形成期,高温使花蕾的分化停止,果实生长加速,果实成熟集中,增大了树体负担,养分供应失调,形成小果,采收间距由7天缩短到4天,而夏果采收的总批次并没有明显增加。二是延长了枸杞夏眠期,这阶段的高温并不能提供枸杞生长发育的热量,而气温下降后,秋梢才生长,使秋果生长期间的热量并没有增加太多,加上秋果受树体本身生理消耗规律的影响,产量一般只占全年总产的10%~30%,对全年产量的贡献也有限。图3.1c表明,在灌溉条件下,如果降水量在100~170 mm以内,气象产量不受降水量的影响,如降雨出现在枸杞夏果成熟始期前(6月下旬),对产量还有促进作用;降水量小于100 mm的年份,往往是大旱年,与高温相伴,产量下降;当降水量超过170 mm,达到240~300 mm或以上,采收产量也下降,因为宁夏汛期主要集中在6—9月份,特别是夏果采摘期间,虽然生理上提高了产量,但因果实吸水膨胀,形成裂口,黑果病严重,加上果熟期降水阻碍了正常采果,待几天后,该批果已老熟,部分脱落,反而成为劣质黑果,果实烂在树上,收不回来。即虽然从生理上说,降水多有利于形成大果,但受其他因素的影响反而使收获产量下降,当然不排除大降水出现在夏眠期而使产量表现较高的情况出现。

另外,大的降水量往往与9—10月的秋季连阴雨有关,造成秋果黑果病严重,品质低劣,采收批次少,影响全年产量。如2001年试验发现,秋果黑果病爆发,即使有产量,因品质差,价格低,采收成本高,农户基本不采收,当年秋果对全年的产量贡献很小。图3.1d表明枸杞全生育期最适日照时数为1640 h,在1500~1800 h之间,日照不是限制枸杞产量的因素,低于1500 h时,往往与全生育期日数短,积温少或降水多相联系,使枸杞减产;高于1800 h时,往往与高温、干旱相联系,与温度作用相似,加速了夏果发育,延长了夏眠期,产量也会有所下降。

综合各因子对气象产量的影响,对表3.1中的Y_w按相关系数进行权重综合得到:

$$Y_w = 0.2609Y_{w1} + 0.2343Y_{w2} + 0.3091Y_{w3} + 0.1957Y_{w4} \tag{3.4}$$

于是,枸杞单位面积产量(kg/hm^2)可表示为:

$$Y = Y_t(1 + Y_w) \tag{3.5}$$

上述两式中,Y为某年的产量,Y_t为趋势产量,Y_w为相对气象产量。

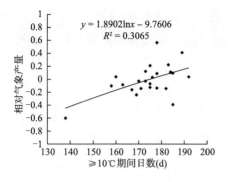

图 3.1a　Y_w 与≥10℃期间日数的关系　　　图 3.1b　Y_w 与≥10℃期间积温的关系

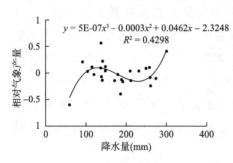
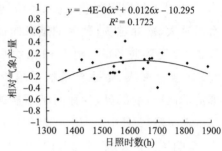

图 3.1c　Y_w 与≥10℃期间降水量的关系　　　图 3.1d　Y_w 与≥10℃期间日照时数的关系

3.1.3　不同生育时段各气象因子对产量的影响

　　利用 1975—2001 年逐旬气象资料与气象产量进行相关普查,相关系数整体波动幅度小的时段,各因子相关都不显著,表明该时段各种气象因子大都处于枸杞适宜生长范围内,气象因素对产量的贡献较小,属于适宜时段;相关系数整体波动大的时段,表明气象因子的变化对枸杞产量产生了有利或不利影响,枸杞在这些时段对特定的因子变化敏感,也说明该时段某些特定因子并不是总能满足枸杞生长发育的需求,枸杞处在该因子的临界状态。按照这个推论,可得到以下几个结论。

(1)冬眠期

　　11 月下旬至 12 月旬,大部分因子不显著,只有 11 月下旬的降水量负相关显著,12 月中旬降水量正相关,下旬的霜日正相关和风速负相关显著。3月下旬以前大多数气象因子对枸杞气象产量影响不显著,只有2月中旬的风速与气象产量负相关,达到显著程度。这几个相关显著的关系见表3.2。

表 3.2　冬眠期间气象要素与气象产量的关系方程

因子	方程	R^2	F	Sign F
12 下旬霜日(d)	$Y_w = -0.1906 + 0.0336D_{36}$	0.185	4.751	0.041
12 下旬风速(m·s^{-1})	$Y_w = 0.0747 - 0.1637V_{36}$	0.281	8.224	0.009
2 月中旬风速(m·s^{-1})	$Y_w = 0.0672 - 0.2037V_5$	0.228	6.235	0.021

　　11月下旬枸杞落叶,进入冬眠期,该旬降温往往伴随着降水天气,降水量越大,落叶越快,秋果期结束的也越早,负相关不难理解;12月下旬霜日越多,气候越冷,不利于枸杞病虫越冬,对第2年产量有正贡献(图3.2a);风速越大,冬季枝条抽干越严重。1—3月份,枸杞处于冬眠期,生理活动微弱,耐低温,各种因子不显著,但经过1月份的严寒后,末梢枝条保水性下降,2月中、下旬一般开始有刮风天气,这一时段容易造成枝条抽干,影响4月份发枝(图3.2b)。

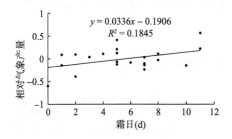

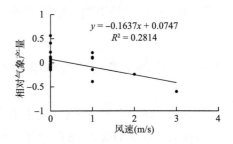

图 3.2a　相对气象产量与 12 月
下旬霜日的关系

图 3.2b　相对气象产量与 12 月
下旬平均风速的关系

(2)萌芽期

　　3月下旬风速和沙尘暴日数与产量负相关,其中风速达到极显著,沙尘暴日数达到显著,4月上旬,降水量与枸杞气象产量正相关,达到显著,其他因子不显著。其相关关系见表3.3。

表 3.3　萌芽期间气象要素与气象产量的关系方程

因子	方程	R^2	F	Sign F
3 月下旬风速(m·s⁻¹)	$Y_w=0.1316-0.1111V_9$	0.301	9.049	0.007
4 月上旬降水量(mm)	$Y_w=-0.0636+0.0317R_{10}$	0.167	5.026	0.034

　　3 月下旬,树液开始流动,枝条表皮转绿。李润淮(1990)认为,此时发生大风或沙尘天气,能加速枸杞枝干的水分散失,损伤新芽(图 3.3a);4 月上旬正值枸杞萌芽期,降水有助于减少枝条抽干(图 3.3b)。

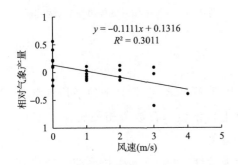 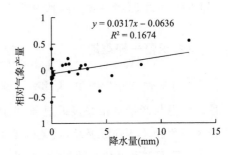

$$y = -0.1111x + 0.1316$$
$$R^2 = 0.3011$$

$$y = 0.0317x - 0.0636$$
$$R^2 = 0.1674$$

图 3.3a　3 月下旬风速与 Y_w 的关系　　　图 3.3b　4 月上旬降水量与 Y_w 的关系

(3)展叶—现蕾期

　　4 月中下旬,各种气象因子影响不显著,但 5 月上旬,降水量与气象产量正相关,达到显著,沙尘暴日数与产量负相关,也达到显著水平,其余因子不显著;5 月中旬,最低气温与产量正相关,接近显著水平。其相关关系见表 3.4。

表 3.4　展叶—现蕾期间气象要素与气象产量的关系方程

因子	方程	R^2	F	Sign F
5 月上旬降水量(mm)	$Y_w=-0.1036+0.08556R_{13}-0.00502R_{13}^2$	0.301	5.17	0.014
5 月中旬最低气温(℃)	$Y_w=-2.2398+0.44435T_{n14}-0.0212T_{n14}^2$	0.327	5.83	0.0086

　　4 月中下旬为枸杞展叶期,各种气象条件均能满足枸杞展叶需要;5 月上旬,枸杞进入新梢生长期和老眼枝现蕾始期,降水有利于新梢萌生,但该时段是宁夏风沙多发季节,大量的新梢和幼蕾会因风害而干枯,严重影响当年产量(图 3.4a);5 月中旬新梢继续生长,老眼枝开花,枸杞适宜的界限温度开始升高,最低气温表现出显著性,此时段也是宁夏春夏转型期,气温波动

大,枸杞处在热量满足与不足之间,因而表现出显著性(图 3.4b)。

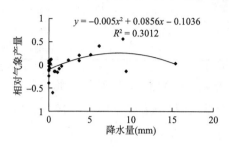

$$y = -0.005x^2 + 0.0856x - 0.1036$$
$$R^2 = 0.3012$$

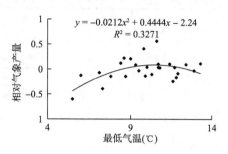

$$y = -0.0212x^2 + 0.4444x - 2.24$$
$$R^2 = 0.3271$$

图 3.4a　5 月上旬降水量与 Y_w 的关系　　　图 3.4b　5 月中旬最低气温与 Y_w 的关系

(4)现蕾—开花期

5 月下旬至 6 月中旬,大多数气象因子不显著,但 5 月下旬平均气温和最高气温与产量负相关接近显著;6 月上旬沙尘暴日数负相关显著,6 月中旬风速负相关达到极显著,其他因子不显著。

5 月下旬老眼枝为幼果期,新枝为现蕾期,也是营养生长盛期。枸杞开花、幼果期需要相对较低的温度条件,以延长营养生长和生殖生长的时间,分化更多的花蕾,从而获得较高的产量;6 月上旬,老眼枝仍处在幼果期,但新梢开花,沙尘暴同样能使花蕾干枯或受精不良,造成脱落而影响产量;6 月中旬,新、老果枝均处在幼果期,气象因子的影响逐渐显露,相关系数开始加大,但还没有达到显著水平,只有风速负影响极显著,原因同 6 月上旬。

(5)幼果—夏果成熟始期

6 月下旬,各种气象因子变得非常显著,成为全生育期最显著的时段。降水量正相关接近显著,相对湿度正相关达到显著水平。而气温日较差、日照时数、风速负相关达到极显著,单因子相关系数达到 -0.6 以上,最高气温负相关也接近显著水平。各显著因子的关系见表 3.5。

表 3.5　幼果—夏果成熟始期间气象要素与气象产量的关系方程

因子	方程	R^2	F	Sign F
6 月下旬气温日较差(℃)	$Y_w = 1.301 - 0.0997(T_m - T_n)_{18}$	0.346	13.183	0.001
6 月下旬相对湿度(%)	$Y_w = -0.927 + 0.0163U_{18}$	0.228	7.091	0.014
6 月下旬平均风速(m·s^{-1})	$Y_w = 0.1373 - 0.162V_{18}$	0.454	17.444	0.0004
6 月下旬日照时数(h)	$Y_w = 4.0089 - 0.8754\ln S_{18}$	0.367	14.474	0.0008

6月下旬是老眼枝果熟期和新梢幼果期,也是宁夏气温迅速升高的时期。高温、晴天、日照强烈和大的风速对枸杞产量有明显的负影响,而适当的降水、相对较高的湿度反而有助于枸杞产量的提高。这种现象与人们的认识存在巨大差距,一般认为,高温、强日照有利于果实迅速生长和成熟,表面上看起来,成熟和采摘进度加快,单位时间内获取的产量高,使人们误以为气温越高,枸杞越增产的假象。从枸杞耐低温,主要分布在我国北方的特性说明枸杞并非是喜温植物,而是喜光、喜凉、耐高温、耐低温植物,但幼果生长期不耐高温,会缩短幼果生长时间,加速成熟,从而使大量的果实集中在一段相对缩短的时间内成熟,加重了植株营养供应负担,单果获取营养减少,使果实变小,产量降低。降水量增大,湿度增大有助于缓解晴天、高温和大风对枸杞的不利影响,因而这两个因子对产量有正影响(图 3.5a—d)。

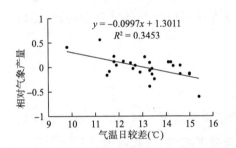

图 3.5a　6月下旬气温日较差与 Y_w 的关系

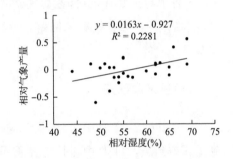

图 3.5b　6月下旬相对湿度与 Y_w 的关系

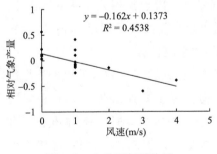

图 3.5c　6月下旬平均风
速与 Y_w 的关系

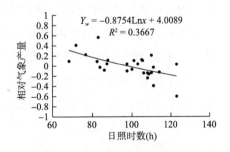

图 3.5d　6月下旬累计日照
时数与 Y_w 的关系

从另一个角度来考虑,发现这些因子表示出了一种特有的干热风天气现象,即高温、低湿、一定的风速,证明枸杞与小麦等喜凉作物类似,遭受干热风灾害的影响,是以前从没有认识到的。为了验证这种结论的科学性,经2000—2001 年挂牌定枝观测证实,枸杞果枝顶部果实着生节位和结果量与气象条件有直接关系,出现其中1～2个因子,坐果率下降明显,当上述干热风因子大部分出现后(除风速较小),果枝顶端败育,果枝封顶,前后不同时间生长的果枝(长达20天)封顶时间接近。封顶后,其余着生的果实最终在8月上旬全部成熟,枸杞进入夏眠期。因此,该阶段的气象条件决定了夏眠期的早迟,也决定了最终夏果量的大小。

(6)夏果成熟期

7月上旬至8月上旬,各类气象因子均不显著。

(7)秋梢生长期

8月中旬至9月上旬,各类气象因子均不显著。此期为秋梢生长、现蕾、开花和幼果期,随着气温的回落,气候条件在枸杞生长适宜范围内,相关均不显著。

(8)秋果成熟期

9月中旬至11月中旬,各类气象因子均不显著。这一时段可以采摘直到重霜冻到来。11月中旬是宁夏重霜冻的平均初日,此阶段各旬因子虽然不显著,但各因子变化趋势随时间后移而趋于一致。由于秋果产量本身占总产的比重就不高,用总产与秋果期间逐旬气象因子找相关关系不尽合理。因受夏果的影响和对总产的贡献权重越来越小而变得不显著,如果统计秋果生长积温,增加气象因子影响的信息量,关系应显著。

综上所述,枸杞全生育期的热量评价界限温度为≥10℃,是评价枸杞热量、光照条件的界限指标和首选因子。枸杞全生育期最优≥10℃积温为3450 ℃·d,≥10℃积温在3200～3600 ℃·d范围内,枸杞一般能获得正常产量;≥10℃积温在3200 ℃·d以下时,热量不足引起枸杞减产;灌溉条件下,如果枸杞全生育期降水量在100～170 mm以内,气象产量不受降水量的影响;降水量小于100 mm,对枸杞产量有不利影响;当降水量达到240～300 mm或以上,特别是夏果采摘期间,虽然生理上提高了产量,但因果实裂口,黑果病严重,丰产不丰收;枸杞全生育期最适日照时数为1640 h,在1500～1800 h之间,日照不是限制枸杞产量的因素,低于1500 h时,全生育期日数短,积温少,使枸杞减产;高于1800 h时,与高温相伴,加速了夏果发育,延长了夏眠期,产量也会有所下降。

枸杞在老眼枝果熟期和新梢幼果期,高温、低湿、一定的风速对枸杞产量有明显的负影响,而适当的降水、相对较高的湿度反而有助于枸杞产量的提高。幼果生长期不耐高温,会缩短幼果生长时间,加速成熟,加重了植株营养供应负担,果实变小,产量降低。降水量增大,湿度增大有助于缓解晴天、高温和大风对枸杞的不利影响,对产量有正影响。

3.2　光照对枸杞生长与产量的影响

3.2.1　实验方法简介

试验设在银川郊区枸杞研究所,选择 6 年生的枸杞园,品种为宁杞 1 号,面积为 0.13 hm²,树体平均高度 1.5 m。在枸杞夏果成熟至初霜期,选择市面上流行的黑色遮阳网进行 0.5 层、1 层、2 层、3 层遮光处理,以大田作对照。遮阳后,每隔 7 天选择当日开花的 20 个枝条挂牌,测定成熟果量。

3.2.2　遮光对枸杞产量的影响

表 3.6 给出了不同遮光期枸杞平均单枝结果数、结果动态、各类型的果实占结果总数的比例及坏果率。光照不足会造成枸杞产量的下降。遮光 10 d 后,单枝结果数普遍减少了 8～12 个,到 8 月 11 日,除 0.5 层的处理仍有果实外,1—3 层处理的幼果全部脱落,果枝封顶而没有成熟果实,对照因生长快,果实已经采摘完;9—10 月是秋枝生长和结果期,可以看出,对照自 9 月中旬至 10 月上旬一直有枸杞果实不断成熟,各遮光处理则直到 10 月上、中旬才有零星产量,遮光使结果期推迟,也使结果数明显减少,光照越弱,减少越多。结果动态显示遮光 10 d 后,各处理成熟果数比对照减少了一半,原来挂果的另一半变成黑果或坏果,幼果数随着光照的下降因脱落而有规律地减少;到 8 月 11 日,除 0.5 层遮光的处理有零星挂果外,其他遮光处理无产量,幼果全部脱落,对照夏果期也早已结束。9—10 月,各处理成熟果数很少,且随光照的下降有规律地减少。

表 3.6　不同遮光处理单枝结果动态

测定日期	处理	结果数（个）					占单枝结果总数的比例（%）			
		坏果数	成熟果数	幼果数	花蕾数	合计	坏果数	成熟果数	幼果数	花蕾数
7月21日	CK	0.5	9.7	23.9		34.1	1.5	28.4	70.1	0.0
7月31日	CK	3.0	24.0	16.5		42.5	7.1	56.5	38.8	0.0
	0.5层	2.0	12.0	16.2		30.2	6.6	39.7	53.6	0.0
	1层	2.0	12.0	16.2		30.2	6.6	39.7	53.6	0.0
	2层	11.2	12.0	11.4		34.6	32.4	34.7	32.9	0.0
	3层	10.6	11.8	8.4		30.8	34.4	38.3	27.3	0.0
8月11日	0.5层	0.6	8.2	11		19.8	3.0	41.4	55.6	0.0
10月3日	CK	1.6	7.0	7.4	2.7	18.7	8.6	37.4	39.6	14.4
	0.5层	0	10.4	1.2	0	11.6	0.0	89.7	10.3	0.0
	1层	0	3.4	1.4	0	4.8	0.0	70.8	29.2	0.0
	2层	0	0	0	0	0				
	3层	0	0	0	0	0				
10月14日	CK	—	—	—	—	—	—	—	—	—
	0.5层	0.2	4.4	5.0	1.0	10.6	1.9	41.5	47.2	9.4
	1层	0.2	2.4	2.4	1.6	6.6	3.0	36.4	36.4	24.2
	2层		0.6			0.6	0.0	100.0	0.0	0.0
	3层		0.2			0.2	0.0	100.0	0.0	0.0

参考文献

安巍,2010.枸杞栽培发展概况[J].宁夏农林科技,(01):34-36,26.

戴凯书,1994.湖北杂交枸杞及系列产品开发研究进展[J].湖北农学院学报,**14**(3):77-80.

高雪峰,郭小丽,2017.枸杞栽培管理技术[J].现代农业科技,(11):92,94.

马旭,郑艳军,李文证,等,2016.不同灌溉定额对枸杞生长和产量的影响[J].节水灌溉,(10):6-9,14.

刘静,李凤霞,叶殿秀,等,2004.光照对枸杞生长与产量、品质形成的影响[C]//中国气象学会2004年年会论文集(下册).北京:气象出版社:2.

刘静,张晓煜,杨有林,等,2004.枸杞产量与气象条件的关系研究[J].中国农业气象,(01):19-23,26.

苏占胜,刘静,李建萍,等,2004.宁夏枸杞产量气候区划研究[J].干旱地区农业研究,(02):132-135.

王亚军,安巍,王孝,等,2011.枸杞区域试验的产量因素比较分析[J].西北林学院学报,**26**(01):86-89.

吴秀玲,李智,尹娟,2017.水分调控对宁夏枸杞光合特性及产量的影响[J].节水灌溉,
　　(04):47-49.

杨新才,2006.枸杞栽培历史与栽培技术演进[J].古今农业,(03):49-54.

袁宝财,达海莉,李晓瑞,2001.宁夏枸杞的生物学特性及开发利用前景[J].河北林果研
　　究,16(2):151-153.

张宝琳,蔡国军,王三英,等,2012.不同品种枸杞产量的对比分析[J].经济林研究,30
　　(03):100-102.

张金艳,李小泉,张镡,1999.全球粮食气象产量及其与降水量变化的关系[J].应用气象
　　学报,10(3):327-332.

张哲,李志刚,倪细炉,2018.不同覆盖措施对宁夏沙化地区枸杞地土壤水热条件及产量
　　的影响[J].水土保持研究,(01):257-262.

郑国保,张源沛,朱金霞,等,2013.灌水频率对枸杞品质、产量和耗水特性的影响[J].中
　　国农学通报,29(31):206-210.

郑国琦,张磊,郑国保,等,2010.不同灌水量对干旱区枸杞叶片结构、光合生理参数和产
　　量的影响[J].应用生态学报,21(11):2806-2813.

朱金霞,张源沛,郑国保,等,2012.不同灌水量对枸杞光合特性和产量的影响[J].节水灌
　　溉,(01):28-30,33.

Zhang J Y,Li X Q,1999. The characteristics of weather Yield for global crop and its re-
　　lationship with precipitation. Quarterly Journal of Applied Meteorology,10(3):
　　327-332.

第4章　气象条件对枸杞品质的影响

4.1　枸杞的外观品质与药用品质

枸杞品质主要由外观品质和药用品质构成。枸杞外观品质也叫商用品质,主要是从外观上判断枸杞品质优劣,如个头大小,是否肉厚味甘,是否有缺陷等,这种对品质的判断来自于人们最直接的感官效果。按照 GB/T 18672—2002 的规定,将枸杞分为 4 个等级,在颜色均匀,无油粒和黑果的条件下,特优级:280 粒/50 g;特级:370 粒/50 g;甲级:580 粒/50 g;乙级:900 粒/50 g。外观品质在很大程度上决定了其商品价格,2017 年宁夏中宁枸杞批发价特优级为 58 元/500 g,特级 40 元/500 g,甲级 25 元/500 g,乙级 15 元/500g 左右。依据外观品质的不同,同等重量的枸杞价格可相差 3 倍以上。一般来讲,表征枸杞外观品质的主要因素有 4 个,百粒重、百粒纵径、百粒横径、坏果率。

枸杞百粒重是一百粒枸杞子的平均重量,以 g 为单位,一般在 8~24 g。它体现了枸杞子的大小和饱满程度,是枸杞外观品质的重要指标,决定百粒重大小的主要是品种特性。百粒纵径是一百粒枸杞子纵轴长度的累计值,以 cm 为单位,一般在 60~180 cm。它体现了枸杞子的“身高”即果实长度。百粒横径是一百粒枸杞子横轴粗度的累计值,以 cm 为单位,一般在 40~60 cm。它体现了枸杞子的“腰围”,即果实粗度。百粒纵径和百粒横径反映消费者对枸杞果形的认可程度。一般来讲,果长越长,越粗,越受消费者欢迎。坏果率,枸杞在生长、采摘加工过程,出现的黑果、油果、不完整果,占正常果的百分率,该值越高,价格越低。刘静等(2008)研究表明,枸杞炭疽病是造成黑果、坏果率升高的主要原因。坏果率则是影响枸杞品质的重要因素。

　　枸杞外观品质主要由品种特性决定,同时也受耕作条件、土壤、气候的影响。选定同一块试验地,在品种、耕作条件不变的条件下,用变异系数(CV)衡量各外观品质因子受气象条件影响的变率(公式 4.1)。

$$CV = \frac{\sigma}{\bar{x}} \times 100\% \qquad\qquad (4.1)$$

式中,σ 为样本均方差,$\bar{x}$ 为样本平均值。根据(4.1)式计算的各外观品质的变异系数见表 4.1。

表 4.1　枸杞各外观品质因子的变异系数

外观品质项目	百粒重(g)	百粒纵径(cm)	百粒横径(cm)	坏果率(%)
CV	22.7	13.7	7.3	166.3

　　由表 4.1 可见,坏果率受气象条件的影响最大,其次为百粒重,百粒横径受气象条件影响最小。

　　枸杞药用品质是指对人体有营养、保健、防治疾病等作用的枸杞成分的综合。

　　枸杞总糖是枸杞甜味的重要来源,占枸杞干果重量的 40%~50%,高的可达到 60% 左右。总糖在干果中比重大,糖分的高低对枸杞品质有一定影响。一般情况下,枸杞总糖太高,枸杞容易板结,影响商品品质和加工。枸杞多糖是枸杞特有的一种水溶性多糖,具有抗氧化及抗衰老、免疫调节、调节血脂和降血糖、抗肿瘤、抗辐射等多种作用。一般含量在 5%~9% 左右,是枸杞中最主要的活性成分。蛋白质和氨基酸都是枸杞中的重要含氮物质,每百克枸杞果中含粗蛋白 4.49 克。枸杞子中含有多种氨基酸,因其种类、产地、生长环境不同,氨基酸的种类、含量也有所差异。研究表明,宁夏枸杞、北方枸杞、津枸杞中,18 种氨基酸含量均较高,这 18 种氨基酸中有 8 种是人体必需的氨基酸。

　　枸杞灰分是枸杞干果充分燃烧后留下的物质,主要由无机物组成,一般占枸杞干果重的 3%~8%。枸杞灰分的高低对枸杞品质的影响较大。在其他组分相当的情况下,灰分的含量越大,枸杞品质越差。

　　甜菜碱是枸杞果、叶、柄中主要的生物碱之一。枸杞对脂质代谢或抗脂肪肝的作用主要是由于所含的甜菜碱引起的,它在体内起甲基供应体的作用,关于枸杞甜菜碱的药理药效研究很少。

4.2　气象条件对枸杞外观品质的影响

4.2.1　材料与方法

试验地设在宁夏银川郊区芦花台园艺场内,品种为宁杞1号,观测时间为 2000 年、2001 年 5—9 月(枸杞开花到果成熟期)。枸杞试验田面积 0.3 hm²,属盐碱地,平均地下水位为 1.2～1.8 m,0～50 cm 土层平均 pH 值为 8.67～8.84。自枸杞开花后采摘每一批果实经晾晒后,测定干果百粒重、百粒纵径、百粒横径、坏果率,具体测定方法为:随机抽取每批一定数量的枸杞干果平铺开,利用十字法将每一个取样一分为四,随机抓取四个样方中同等数量的枸杞混合起来,数 3 个重复的百粒,称重测三个重复的百粒重平均;将百粒干果首尾相接测量其百粒纵径,代表果长;将百粒干果横排测定百粒横径,代表干果直径。由于 2001 年秋季降水多,果实采摘较少,因此没有秋果,共计 26 个样本。

在试验点放置百叶箱,观测 2000—2001 年逐日气象资料,包括平均气温、最高气温、最低气温、水汽压、相对湿度、露点温度、降水、风速、地面 0～20 cm 温度等常规气象资料,合成各类统计量,分采摘前 5 天～40 天等阶段,分别统计各阶段平均气温、积温、极端温度平均、相对湿度、日较差、降水量、日照时数、降水日数等。

4.2.2　枸杞百粒重

李剑萍等(2003)采用成熟前 40 天、35 天、30 天、20 天、15 天、10 天、5 天的降水量、降水日数、平均气温、日较差、平均相对湿度等因子进行多种因子相关分析并进一步对各因子进行偏相关分析,发现相关性显著通过 0.01 信度检验且偏相关也显著的因子为采摘前 35 天平均相对湿度和采摘前 40 天的平均气温。

将百粒重与采摘前 35 天平均相对湿度进行回归分析,其最优回归方程为:

$$Y = e^{1.26 + \frac{84.25}{U_{35}}} \tag{4.2}$$

$F = 29.2$，通过信度为 0.01 的检验。式中 Y 为枸杞百粒重(g)，U_{35} 为采摘前 35 天平均相对湿度(%)。

从百粒重与采摘前 35 天平均相对湿度的关系可看出，百粒重随采摘前 35 天或 30 天平均相对湿度增大而减小，当相对湿度增大到 80% 左右，百粒重基本不再减小(见图 4.1)。因为随空气湿度加大，空气中水汽分子对太阳辐射的反射和吸收量加大，到达枸杞光合器官的太阳辐射量减小，而枸杞是喜光作物，光饱和点比较高。因此，相对湿度的增加减少了枸杞的光合产物，但同时叶片的饱和差减小，影响了枸杞的蒸腾速率，从而影响了枸杞根部对土壤养分和矿物质的运输速率，使光合作用所需物质减少，光合总量降低使得枸杞干物质量减少，同时干物质向果实的运输速率下降，果重因而下降。

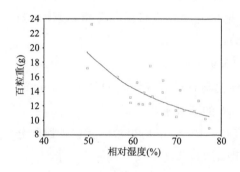

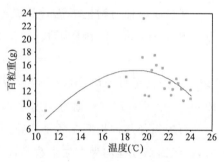

图 4.1　百粒重与采摘前 35 天平均　　　图 4.2　百粒重与果实成熟期
　　　　相对湿度　　　　　　　　　　　　　平均气温

将百粒重(Y)与采摘前 40 天的平均气温(T_{40})进行回归分析，其最优回归方程为：

$$Y = -17.56 + 2.6T_{40} - 0.024T_{40}^2 \tag{4.3}$$

式中，Y 为枸杞百粒重(g)，T_{40} 为采摘前 40 天平均气温(℃)。

从百粒重与采摘前 40 天平均气温的关系可看出，当果实形成期平均气温小于 18℃ 时随气温升高，百粒重增大，当平均气温 18~20℃ 时百粒重达最大，此后随平均气温增加百粒重减小(图 4.2)。说明 18~20℃ 是枸杞果实形成的最适宜温度。气温过高，容易引起枝条徒长，消耗养分过多，落花落果增加；同时营养生长和生殖生长时间缩短，果实变小，缩短了干物质积累时间，粒重降低；气温过低则营养生长和生殖生长受抑制，干物质积累不足，粒重也低。

综合上述两因子,建立百粒重与采摘前 40 天平均气温、采摘前 35 天平均相对湿度的综合统计关系:

$$Y = 41.26 - 0.26T_{40} - 0.35U_{35} \qquad (4.4)$$

式中,Y 为枸杞百粒重(g),T_{40} 为采摘前 40 天平均气温(℃),U_{35} 为采摘前 35 天相对湿度(%)。$R^2 = 0.59$,$F = 14.6$,通过信度为 0.0001 的 F 检验,其拟合残差直方图基本满足正态分布,残差点基本分布在 $(-2\sigma, 2\sigma)$ 内,说明模型拟合效果较好。

4.2.3　枸杞百粒纵径

通过相关普查,发现枸杞百粒纵径与枸杞落花后到成熟期(35~40 天)的降水量、平均相对湿度、开花后 5 天平均气温有关。

将百粒纵径与枸杞落花后到成熟期的降水量进行回归分析,最优回归方程均为 Compound 函数形式(图 4.3):

$$Y = 141.4(0.993^{R_{40}}) \qquad (4.5)$$

式中,Y 为枸杞百粒纵径(cm),R_{40} 为枸杞落花后到成熟期的降水量(mm)。$R^2 = 0.144$,$F = 12.64$,通过信度为 0.005 的 F 检验。

百粒纵径与枸杞落花后到成熟期(35~40 天)平均相对湿度进行回归分析,最优回归方程均为指数函数形式(图 4.4):

$$Y = 246.7e^{(-0.011U_{40})} \qquad (4.6)$$

式中,Y 为枸杞百粒纵径(cm),U_{40} 为枸杞落花后到成熟期平均相对湿度(%)。

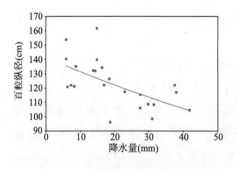

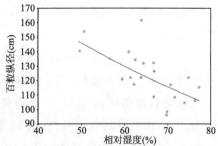

图 4.3　百粒纵径与枸杞落花后　　　　图 4.4　百粒纵径与枸杞落花后
　　　到成熟期降水量　　　　　　　　　　　到成熟期平均相对湿度

百粒纵径与枸杞开花到成熟的降水量、湿度呈指数关系,当降水量、湿度较小时,随降水量、湿度的增加,百粒纵径减小较慢,当湿度超过 50%

时,百粒纵径随湿度的增加减小较快。主要是因为降水多、湿度大,空气中水汽分子对太阳辐射的反射和吸收量加大,到达枸杞光合器官的太阳辐射量减小,减少了枸杞的光合产物,同时叶片的饱和差减小,气孔导度降低,影响了枸杞的蒸腾速率,从而影响了光合作用所需物质的运输,使光合总量降低,合成物质少,同时物质向果实的运输速率也降低,使果实较小,果长减小。

百粒纵径与开花后 5 天平均气温的最优回归方程为:

$$Y = -181.63 + 30.71 T_{f5} - 0.757(T_{f5})^2 \tag{4.7}$$

式中,Y 为枸杞百粒纵径(cm),T_{f5} 为枸杞开花后 5 天平均气温(℃)。开花后 5 天为枸杞果实发育的果实形成期,子房迅速膨大,体积增大较快,这一时期温度过低,抑制枸杞的各种生理过程,不利于营养生长和生殖生长,不能给果实提供充足的干物质和水分,果实体积增长慢,粒长小。(4.7)式表明 19～22℃是这一时期枸杞生长发育的最适温度,平均气温超过 22℃,则白天气温一般超过 25℃易使枸杞气孔闭合,气孔导度下降,抑制了蒸腾速率的继续增大,引起光合速率下降,从而使枸杞干物质合成减少,另一方面使得向果实中运输水分和干物质的运输受阻,从而使果实体积增长速度下降,使果实粒长减小(见图 4.5);另外,根据宁夏气候特点,气温偏高往往出现在果实成熟盛期,此时全株挂果量大,个体营养不及前期结的果,因而果实较小;气温高缩短了果实生长时间,也是温度高果实变小的主要原因。

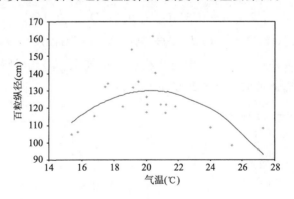

图 4.5　百粒纵径与开花后 5 天平均气温

综合上述 3 个因子,构建了枸杞百粒纵径的综合统计关系式。

$$Y = 238.15 - 0.15 R_{40} - 1.15 U_{40} - 1.83 T_{f5} \tag{4.8}$$

式中,Y 为枸杞百粒纵径(cm),R_{40} 为枸杞落花到成熟期间的降水量(mm),U_{40} 为枸杞落花到成熟期间的相对湿度(%),T_{f5} 为开花后 5 天的平均气温

(℃)。$R^2=0.52$，$F=6.66$ 通过信度为 0.005 的 F 检验。

4.2.4　枸杞百粒横径

经过相关分析，百粒横径与开花后 5 天平均气温、采摘前 10 天气温日较差和采摘前 35 天平均相对湿度关系密切。

百粒横径与开花后 5 天平均气温的最优回归方程为：

$$Y = -34.87 + 8.382T_{f5} - 0.186(T_{f5})^2 \tag{4.9}$$

式中，Y 为百粒横径（cm），T_{f5} 为开花后 5 天平均气温（℃）。回归方程通过信度为 0.01 的 F 检验。从式中可看出开花后 5 天平均气温小于 21℃，百粒横径随气温升高而增大，当平均气温超过 24℃，横径则下降（图 4.6）。

百粒横径与采摘前 10 天气温日较差（D_{10}）的最优回归方程为：

$$Y = 53.86 + 2.7D_{10} \tag{4.10}$$

式中，Y 为枸杞百粒横径（cm），为采摘前 10 天气温日较差（℃）。回归方程通过信度为 0.05 的 F 检验（图 4.7）。采摘前 8～12 天是枸杞果实形成的关键时期，物质积累速度很快，气温日较差越大，说明天气晴好，光照充足，白天光合作用合成物质多，而夜间气温较低，呼吸作用消耗物质少，剩余干物质多，因而输送到果实中的干物质多，果实较大，果实直径就大。

百粒横径与上述 3 因子的综合气象条件统计关系如下：

$$Y = 71.49 - 0.311U_{35} - 0.249D_{10} + 0.448T_{f5} \tag{4.11}$$

式中，Y 为枸杞百粒横径（cm），U_{35} 为采摘前 35 天相对湿度（%），D_{10} 为采摘前 10 天气温日较差（℃），T_{f5} 为枸杞开花后平均气温（℃）。回归方程的 $R^2=0.37$，$F=3.75$，通过信度为 0.05 的 F 检验。

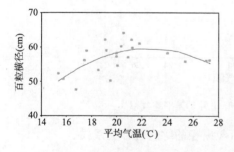

图 4.6　百粒横径与枸杞开花后
5 天平均气温

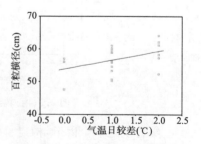

图 4.7　百粒横径与采摘前
10 天日较差

4.2.5　枸杞坏果率

为了确定气象因子对坏果率的影响,考虑正态分布和偏态分布假设,用坏果率与成熟前 40 天、35 天、30 天、20 天、15 天、10 天、5 天的降水量、降水日数、平均气温、日较差、平均相对湿度等进行多种因子相关分析,得到 Pearson、Kendall 和 Spearman 相关系数。由于因子间存在相关性,仅从相关性分析会掩盖或强化一些因子的作用,进一步对各因子进行偏相关分析,去除因子间相关的影响,相关性显著通过 0.05 及 0.01 信度检验及偏相关也显著的因子及相关系数如表 4.2 所列。

表 4.2　影响坏果率的气象因子初步相关分析

方法	R_{40}	R_{35}	R_{20}	U_{30}	U_{10}	U_5
Pearson	0.48 *	0.55 *	0.6 **	0.47 *	0.54 *	0.57 **
Kendall	0.51 **	0.44 **	0.36 *	0.45 **	0.45 **	0.42 **
Spearman	0.72 **	0.59 **	0.5 *	0.59 **	0.59 **	0.58 **
偏相关	0.5	0.43	0.62	0.54	0.4	0.4
不相关	0.035	0.084	0.008	0.021	0.12	0.11

表中 * 表示相关性显著通过 0.05 的信度检验,** 表示相关性显著通过 0.01 的信度检验。

从表 4.2 中可看出,枸杞果实形成期(采摘前 35~40 天)降水量均呈显著正相关,采摘前 5~30 天相对湿度对坏果率影响较大。

进一步进行回归分析,坏果率与采摘前 35~40 天降水量(R_{40}、R_{35})、采摘前 10 天相对湿度显著相关,最优回归方程如下:

$$Y = 9.69 + 0.34R_{40} \qquad (4.12)$$

$$Y = -0.15 + 0.32R_{35} \qquad (4.13)$$

$$Y = 48.24 - \frac{2878}{U_{10}} \qquad (4.14)$$

回归方程均通过信度为 0.05 的 F 检验。(4.12)~(4.14)中,Y 为坏果率(%),R_{40} 为采摘前 40 天累计降水量(mm),R_{35} 为采摘前 35 天累计降水量(mm),U_{10} 为采摘前 10 天平均相对湿度(%)。

上式表明,坏果率与枸杞落花后到成熟期的降水量呈线性关系,随降水量增加坏果率增加。这是因为果实形成期间降水量越多,有利于炭疽病菌的传播,加上枸杞本身给炭疽病菌提供了丰富的营养,炭疽病菌生长繁殖迅速,引发枸杞黑果病,造成坏果率增加(见图 4.8)。

采摘前 10 天左右是枸杞果实发育色变期到成熟期,果实内含物增长很快,给炭疽病菌提供了丰富的营养,一方面湿度越大,越有利于炭疽病菌萌发,再加上充足的营养,易使炭疽病菌迅速繁殖生长,造成坏果率增加;另一方面湿度过大不利于果实成长及着色,也易使坏果率增加(见图 4.9)。

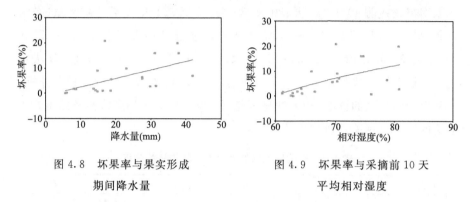

图 4.8　坏果率与果实形成　　　图 4.9　坏果率与采摘前 10 天
　　　　期间降水量　　　　　　　　　　　平均相对湿度

综合上述因子,得到枸杞坏果率与气象条件的综合关系。

$$Y = -20.68 + 0.322R_{40} + 0.224U_{10} \tag{4.15}$$

式中,Y 为坏果率(%),R_{40} 为采摘前 40 天累计降水量(mm),U_{10} 为采摘前 10 天平均相对湿度(%)。

回归方程的 $R^2 = 0.37$,$F = 5.29$,通过信度为 0.05 的 F 检验。坏果率随落花后到成熟期的降水量增加而线性增加。分析(4.15)式,可得到坏果率的农业气象指标。小于 5 mm 的降水量不会造成坏果,降水量每增加 10 mm,同一批次的果实中坏果率增加 3.2%;坏果率与果实成熟前 10 d 的平均相对湿度正相关显著,相对湿度在 45% 以下,不会产生坏果,当相对湿度大于 45% 时,每增大 10%,坏果率增大 2.3%。

4.3　气象条件对枸杞药用品质的影响

4.3.1　材料和方法

试验地设在宁夏银川郊区芦花台园艺场内,品种为宁杞 1 号,观测时间为 2000—2001 年 5—9 月(枸杞开花到果实成熟期)。枸杞试验田面积

0.3 hm²,属盐碱地,平均地下水位为 1.2~1.8 m,0~50 cm 土层平均 pH 值为 8.67~8.84,土壤全盐为 0.72~1.9 g・kg⁻¹,有机质含量为 8.37 g・kg⁻¹,土壤全氮 0.34~0.52 g・kg⁻¹,其中水解氮 9.92~47.7 mg・kg⁻¹,全磷 0.34~0.52 g・kg⁻¹,全钾 19.7 g・kg⁻¹,速效磷、速效钾含量分别为 2.3~44.2 mg・kg⁻¹和 18.6~37.9 mg・kg⁻¹。

自枸杞开花后(5 月 12 日)每 7 天挂牌观测枸杞发育期直到果熟(约 10 月 13 日),分期采样化验,同时采集试验地 0~0.5 m 土壤样品。

为了拉大气候和土壤差距,张晓煜等(2004)在我国北方主要枸杞栽培地区采样,枸杞样品和土壤样本取自河北、内蒙古、甘肃、新疆、青海、宁夏各地共计 31 个。为了消除不同品种对枸杞品质的影响,在采集样本时,主要考虑各地枸杞的种植面积和品种的一致性,兼顾取样代表性和涵盖面。采样品种选择在我国北方大面积推广的"宁杞 1 号"作为研究目标。根据"宁杞 1 号"叶片宽大肥厚、嫩叶中脉基部紫红色、枝条节间长、花丝基部有稀疏绒毛,果型为柱型,果柄为白色等特有特征采集样品。为消除田间管理水平对枸杞品质的影响,在采样时尽量选择枸杞植株密度、水肥条件、枝条修剪水平一致的样品。

枸杞样品由国家认证的专业化验机构宁夏物理研究所化验,化验项目主要有:枸杞多糖、总糖、蛋白质、胡萝卜素、粗蛋白等项目。枸杞蛋白质含量采用微量凯氏定氮法化验,氨基酸含量采用 535-50 型氨基酸分析仪测定,枸杞多糖采用硫酸苯酚法测定,灰分采用燃烧法,枸杞总糖采用兰艾农快速滴定法测定。

采集枸杞采样点的土壤样品委托宁夏土壤与肥料测试中心化验室化验,化验的项目包括土壤的 pH、全盐、有机质、速效磷、全磷、水解氮、全氮、全钾、速效钾,并对土壤颗粒进行分析。

收集采样点的 2000—2001 年逐日气象资料,合成各类统计量,分候、旬、月、发育期等阶段,分别统计阶段平均气温、积温、极端温度平均、相对湿度、气温日较差、降水量、日照时数、降水日数等。

采用统计分析方法,首先进行相关普查,了解枸杞各项品质因子与土壤养分和各气象因子间的相关关系,初步筛选影响枸杞各项品质因子含量的环境因子,同时绘制点聚图排除伪相关。在此基础上,进行偏相关分析,将互相相关并且与枸杞各项品质因子相关的因子逐一作为控制因子,研究其与枸杞品质因子的关系,将偏相关系数由大到小排序,分析其生物物理意义后,优选因子并研究其与枸杞品质因子含量的定量关系。在此基础上,建立枸杞各项品质因子与环境条件的最优回归方程。假设影响枸杞某品质因子含量的因子有 m 个,那么,该品质因子含量 $\hat{p}$ 可以表示为:

$$\hat{p} = C_0 + \sum_{j=1}^{m} a_j x_{i,j} \quad (n = 1, 2, 3, \cdots, N) \tag{4.16}$$

式中,$\hat{p}$ 为品质因子含量。$x_{i,j}$ 为因子,a_j 为偏回归系数,C_0 为常数项。

根据(4.16)式建立枸杞各项品质因子含量与环境因子的定量关系。最后通过对模拟关系进行 F 检验,评价模式优劣。

4.3.2　枸杞总糖与环境因子的关系

张晓煜等(2004)通过分析,发现土壤养分中,全钾含量与枸杞总糖呈幂指数关系,土壤有机质含量与枸杞总糖含量有弱的正相关关系,其他因子与枸杞总糖关系不密切。

枸杞总糖随果实形成期降水量的增加而减少,当这期间降水量小于50 mm时,降水对枸杞总糖含量的影响较小,但当降水量大于 50 mm 时,降水量对枸杞总糖含量有明显影响。枸杞总糖与生长季积温呈幂指数关系,随枸杞生长季积温的增加,总糖增加。也与果实形成期最高气温呈幂指数关系,随果实形成期温度强度加大,对枸杞总糖的合成有利。此外,枸杞总糖与开花到成熟期累计日照时数呈正相关关系,说明枸杞比较喜光,充足的光照利于枸杞干物质积累。另外总糖与果实成熟期气温日较差有弱的正相关关系。

根据所选因子的意义,建立枸杞总糖含量与环境因子的最优回归方程如下:

$$\hat{p} = -231.998 - 0.167x_1 + 5.18 \times 10^{-2} x_2 + 2.136x_3 - 26.465x_4 +$$
$$1.328x_5 + 0.118x_6 + 5.265 \times 10^{-2} x_7$$
$$(R^2 = 0.954, n = 28, F = (14.69) \gg F_{0.01}^{(7,20)} = (3.70)) \tag{4.17}$$

式中,$\hat{p}$ 为总糖含量(%)。x_1 为果实形成期降水量(mm),x_2 为枸杞开花到果实成熟期累计日照时数(h),x_3 为果实形成期平均最低气温(℃),x_4 为土壤pH 值,x_5 为土壤有机质(g·kg^{-1}),x_6 为土壤水解氮含量(g·kg^{-1}),x_7 为土壤速效钾含量(g·kg^{-1})。

上面 7 个因子与枸杞总糖的复决定系数为 $R^2 = 0.954$,通过了信度为0.01 的 F 检验。7 个因子决定了环境因子可能影响枸杞总糖含量的 97% 以上。从入选的因子看,枸杞总糖由土壤因子和气象因子共同决定。

4.3.3　枸杞多糖与环境因子的关系

通过统计,发现土壤养分对多糖含量的影响显著,气象条件对多糖含量的影响相对较小(张晓煜,2004)。

研究发现,枸杞多糖与果熟期土壤的 pH 值、全盐、全钾和速效钾的含量无关。与土壤质地、有机质、全氮、速效氮相关不显著,与全磷和速效磷含量关系密切。全磷含量包含速效磷,全磷中的其他难溶解物质可以转化为速效磷,因此,可以说,全磷含量是影响枸杞多糖含量多寡的主要因子。

经过全磷与枸杞多糖关系回归分析,结果表明枸杞多糖与全磷呈负指数关系,其关系式为:

$$\eta_p = 4.8255 \mathrm{e}^{-0.9925P_t} \quad (n = 11, R^2 = 0.53, t = 3.25 > t_{0.05} = 2.26)$$

$$(4.18)$$

式中,η_p 为多糖含量(%),p_t 为果熟期土壤全磷含量。回归效果显著。

通过研究发现:枸杞多糖残差($\Delta\eta_p$)与枸杞开花至果熟期间的降水日数(n)呈二次曲线关系。

$$\Delta\eta_p = 0.2058n - 0.0056n^2 - 1.58$$

$$(n = 36, R^2 = 0.67, F = 33.98 \gg F_{0.01}^{(2,33)} = 5.32) \quad (4.19)$$

式中,$\Delta\eta_p$ 为枸杞多糖残差(%),n 为枸杞开花到果实成熟期间的降水日数(d)。

统计结果还表明,枸杞多糖残差与采果前 30 天的平均气温日较差(d_6)关系为二次曲线关系。

$$\Delta\eta_p = 28.08 - 4.43d_6 + 0.1625d_6^2$$

$$(n = 36, R^2 = 0.35, F = 8.77 > F_{0.01}^{(2,33)} = 5.32) \quad (4.20)$$

式中,$\Delta\eta_p$ 为枸杞多糖残差(%),d_6 为枸杞采摘前 30 天的平均气温日较差(℃)。

当 $d_6 < 13.6$℃时,不利于枸杞多糖的积累。当 $d_6 \geqslant 13.6$℃时,随着气温日较差的增大,枸杞多糖含量增加。

4.3.4　枸杞蛋白质和氨基酸与土壤环境因子的关系

统计分析发现,土壤中水解氮含量的高低与枸杞中的 9 种氨基酸和蛋白质呈对数关系。

$$\eta_a = 2.536\ln(0.8313 \times N_a)$$
$$(n = 22, R^2 = 0.25, F = 6.712 > F_{0.05}^{1,20} = 4.35) \tag{4.21}$$
$$\eta_p = 3.989\ln(1.2059 \times N_a)$$
$$(n = 22, R^2 = 0.29, F = 7.96 > F_{0.05}^{1,20} = 4.35) \tag{4.22}$$

(4.21)、(4.22)式中，η_a、η_p、N_a 分别是 9 种药用氨基酸含量(%)、蛋白质含量(%)和土壤水解氮含量(ppm)。

其他土壤有机质含量、速效磷、速效钾含量与氨基酸含量呈弱的正相关关系，与土壤含盐量和 pH 值呈弱的负相关关系，说明土壤肥力好坏对枸杞蛋白质合成有一定关系。气象因子对枸杞蛋白质和氨基酸含量的关系不明显，相关系数都在 0.15 以下。

4.3.5　枸杞矿物元素

在高温灼烧时，枸杞发生一系列物理和化学变化，最后有机成分挥发逸散，而无机成分(主要是无机盐和氧化物)则残留下来，这些残留物称为灰分。它是枸杞中无机成分总量的一项指标。在《枸杞验收标准》中要求枸杞灰分≤6.0 g/100 g 方可验收。

张晓煜等(2004)经过统计分析，发现枸杞灰分与果实形成期(指枸杞落花后到成熟期的一段时间，大约 30～40 天)相对湿度、气温日较差和枸杞开花到成熟期降水日数与枸杞灰分有关。

灰分含量与果实形成期空气相对湿度呈指数关系，通过置信度为 0.01 的 F 检验(4.24)。

$$\eta_a = 1.8355 e^{0.0138 U_d} \quad (R^2 = 0.61, n = 32, F = 45.35 \gg F_{0.01}^{(1,30)})$$
$$\tag{4.23}$$

式中，η_a 为枸杞灰分含量(%)，U_d 为果实形成期平均相对湿度(%)。

随着空气相对湿度的增加，枸杞灰分也在增加。这是因为：一方面，在一个地方的某一段时期内平均空气湿度的大小，与这一地区的降水日数和降水量正相关。在雨天，天空有云覆盖，直接造成太阳辐射强度和辐射量的减少。另一方面，空气湿度大，空气中水汽分子对太阳辐射的反射和吸收量加大。这样，到达枸杞光合器官的太阳辐射强度减小。而枸杞是喜光作物，光饱和点比较高，我国北方地区的太阳辐射强度还没有达到枸杞的光饱和点。因此,到达枸杞光合器官的太阳辐射强度和辐射量的减少,直接影响了枸杞光合产物的增加。也就是说,在果实形成期的平均空气相对湿度的增加减少了枸杞的光合产物。但空气湿度大,叶片的饱和差减小,影响了枸杞的蒸腾速率,从而影响了枸杞根部对土壤养分和矿物质的运输速率。又因枸杞光合物质总量的降低量远大于枸杞对土壤营养物质和无机物吸收利用量的减少,从而造成枸杞灰分的相对增加。

枸杞开花到成熟期降水日数与枸杞灰分呈对数关系(4.24)。

$$\eta_a = 0.622 \ln p_n + 2.82 \quad (R^2 = 0.5387, n = 32, F = 34.87 \gg F_{0.01}^{(1.30)})$$

(4.24)

式中,η_a 为枸杞灰分含量,p_n 为开花到成熟期降水日数(d)。

当 $P_n > 7$ d 时,灰分含量 $> 4\%$,当 $P_n > 15$ d 时,灰分含量 $> 4.5\%$。因降水日数与相对湿度成正相关,相对湿度随降水日数的增加而增加。

果实形成期气温日较差与灰分含量呈负指数关系(4.25)。

$$\eta_a = 97.54 e^{-0.0692 D_d} \quad (R^2 = 0.3497, n = 32, F = 14.37 \gg F_{0.01}^{(1.30)} = 7.56)$$

(4.25)

式中,η_a 为枸杞灰分含量(%),D_d 为果实形成期平均气温日较差(℃)。

随着 D_d 的增大,枸杞的灰分含量减少。当 $D_d < 13$℃时,灰分含量 $> 4.0\%$,$D_d > 15$℃时,灰分含量 $< 3.5\%$。气温日较差大有利于作物干物质的积累。枸杞喜温,白天高的温度利于光合产物的合成,夜间低温减少呼吸消耗。

经统计,发现枸杞灰分与土壤的 pH、全盐、有机质、速效磷、全磷、水解氮、全氮、速效钾等含量关系不大,但与土壤全钾含量相关显著。枸杞灰分与全钾(K)的关系如(4.26)式。

$$\eta_a = 76.121 e^{-0.035 K_t} \quad (R^2 = 0.4081, n = 28, F = 19.31 \gg F_{0.01}^{(1.26)} = 7.72)$$

(4.26)

式中,η_a 为枸杞灰分含量(%),K_t 为土壤全钾含量(g/kg)。

枸杞灰分与土壤全钾呈负指数关系,随土壤全钾含量的增加,枸杞干果中灰分含量降低。这是因为,钾是枸杞光合器官叶绿素的成分之一,土壤全钾代表土壤钾素的总体水平,钾素易转移易被作物吸收,土壤中全钾含量高,作物吸收的就较多,枸杞叶片中叶绿素的含量就越高,这有利于增加枸杞的光合速率,增加光合产物的积累,枸杞灰分减少。

综合上述气象因子和土壤因子,得到枸杞灰分与气象、土壤因子的回归模式：

$$\eta_a = -0.830 - 1.60K_t + 6.359 \times 10^{-2} P_n + 3.856 \times 10^{-2} U_d + 0.191 D_d$$
$$(R^2 = 0.735, n = 28, F = 6.232 \gg F_{0.01}{}^{(4.23)}) \tag{4.27}$$

式中,各因子的含意同(4.23)~(4.26)式。根据各因子的标准回归系数,得出对枸杞灰分贡献大小的因子依次为U_d、P_n、D_d、K_t。

4.4　遮光对枸杞品质形成的影响

4.4.1　遮光对枸杞外观品质的影响

枸杞遮光后,成熟果实发生了明显变化(见表 4.3)。果实形态上表现出横径明显降低,而纵径则无变化,说明遮光对果实膨大期影响较大,果实膨大需要较多光照,阴雨天对果实膨大不利。遮光对纵径影响较小,纵径一般在膨大前基本定型。

表 4.3　不同遮光处理果实形态及百粒重

时间	处理	纵径(mm)	横径(mm)	纵横比	百粒重(g)
7月21日	CK	15.9	10.2	1.6	48.9
7月31日	CK	10.0	7.5	1.3	59.1
	0.5层	13.3	7.7	1.7	56.9
	1层	14.9	8.3	1.8	47.3
	2层	14.1	5.6	2.5	33.5
	3层	15.0	7.7	2.0	40.8
8月11日	0.5层	15.1	8.3	1.8	48.0
10月3日	CK	14.0	9.0	1.6	43.9
	0.5层	14.0	7.5	1.9	39.3
	1层	15.8	7.6	2.1	34.0
10月14日	0.5层	13.0	6.7	1.9	28.6
	1层	15.2	7.1	2.1	33.3
	2层	18.0	6.7	2.7	33.3

这种变化用纵横比能很好地表现出来,宁杞系列品种正常鲜果纵横比一般在1.3~1.6之间,遮光后增大到1.7~2.7,不同处理中,光线越弱,纵横比越大,果实越瘦小;随着遮光期的延长,纵横比越大,果实也越瘦小。

新疆野生枸杞经过长期驯化的栽培种,果实呈圆形,南疆引种的宁杞 1 号果实横径也比原产地大,可能与这些地区日照时数长有关。果实的大小用百粒重能直观地表现出来,经过遮光后,鲜果百粒重明显降低,遮光越多,遮光时间越长,百粒重越低。另外,遮光对枸杞的色泽和口感影响较大,随着遮光日数的增多,枸杞由鲜红色褪色到橘黄色,口感也由甜中微苦逐渐变成酸涩,无甜味。

4.4.2　遮光对枸杞药用品质的影响

枸杞多糖是最主要的药理成分,遮光对枸杞的多糖和总糖影响很大。在遮光的不同时期采集枸杞果实样本,用 UV-3600 紫外、可见光度计测定了枸杞的多糖与总糖。图 4.10a、4.10b 分别是枸杞不同遮光处理的多糖与总糖含量,随着遮光量的增大,枸杞多糖明显减少,总糖含量虽然也呈减少趋势,但减少幅度没有多糖大。可见,枸杞多糖的形成对光照反应特别敏感,宁夏枸杞引种到南方,枸杞多糖降低就是例证,而枸杞总糖含量却降低不多,这是南方发展食用添加枸杞的根据。

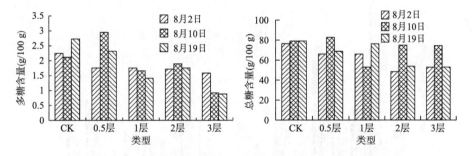

图 4.10a　不同遮光处理枸杞多糖的变化　　　图 4.10b　不同遮光处理枸杞总糖的变化

表 4.4 给出了枸杞遮光下各项品质指标的表现,除氨基酸外,其他项目均用 UV-3600 紫外、可见光度计测定。结果表明,随着枸杞所接受太阳辐射的减弱,枸杞甜菜碱含量增加,Vc 也有所增加,因此遮光枸杞的口感酸涩,无甜味。另外,枸杞的粗脂肪、粗蛋白、氨基酸总量和灰分也随着光强的减弱而增大,但枸杞的类胡萝卜素各处理变化很小,说明类胡萝卜素不受光照的影响;宁夏素以富 Se 枸杞为荣,研究发现,随着光照的不足,果实中微量元素 Se 的含量有增大的趋势。

表 4.4　枸杞遮光下各项品质指标的表现

处理	粗脂肪 (g/100 g)	灰分 (g/100 g)	粗蛋白 (g/100 g)	甜菜碱 (mg/100 g)	Vc (mg/100 g)	类胡萝卜素 (mg/100 g)	微量元素 Se (mg/100 g)	氨基酸总量 (mg/100 g)
CK	2.515	3.445	10.095	0.885		55.05	0.58	4.5
0.5 层	2.255	4.1	12.62	0.935	32.9	50	0.395	4.915
1 层	2.235	4.21	12.565	0.88	43	50	0.57	3.975
2 层	2.98	5.4	13.72	1.16	40.2	55	0.985	4.95
3 层	2.985	5.06	14.02	1.375	34.6	45	0.86	5.465

氨基酸总量由天门冬氨酸、苏氨酸、丝氨酸、谷氨酸、甘氨酸、丙氨酸、胱氨酸、缬氨酸、蛋氨酸、异亮氨酸、亮氨酸、酪氨酸、苯丙氨酸、赖氨酸、组氨酸、精氨酸、脯氨酸和色氨酸组成。枸杞氨基酸用日立 835-50 型氨基酸分析仪测定。图 4.11 给出了枸杞的 18 种氨基酸含量在不同遮光条件下的表现，可以看出，天门冬氨酸、苏氨酸、丝氨酸、缬氨酸、蛋氨酸、异亮氨酸、酪氨酸、脯氨酸和色氨酸这 9 种氨基酸含量随辐射的减弱而增加，谷氨酸、甘氨酸、丙氨酸、胱氨酸、亮氨酸、苯丙氨酸、氨和精氨酸这 8 种氨基酸变化不明显，而组氨酸随着光强的减弱而降低。

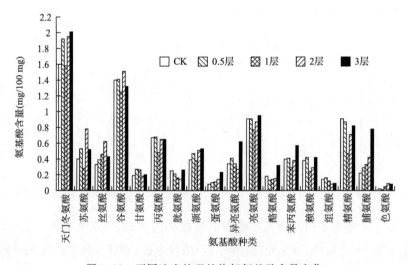

图 4.11　不同遮光处理的枸杞氨基酸含量变化

综上所述，枸杞遮光试验改变了枸杞生长的环境气象条件，到达冠层的总辐射和辐射垂直分布差异都很大。光照不足会造成枸杞产量的下降，结果数普遍减少，幼果脱落，夏果枝封顶。枸杞多糖的形成对光照反应特别敏感，遮光使枸杞多糖明显减少，总糖含量也呈减少趋势，但减少幅度没有多糖大。遮光使枸杞甜菜碱和 Vc 含量有所增加，枸杞的粗脂肪、粗蛋白、氨基酸总量和灰分也随着光强的减弱而增大,但枸杞的类胡萝卜素各处理变化很小;光照不足,微量元素 Se 的含量有增大的趋势。枸杞的 18 种氨基酸中,遮光使天门冬氨酸、苏氨酸、丝氨酸、缬氨酸、蛋氨酸、异亮氨酸、酪氨酸、脯氨酸和色氨酸含量增加,谷氨酸、甘氨酸、丙氨酸、胱氨酸、亮氨酸、苯丙氨酸、氨和精氨酸含量变化不明显。

参考文献

戴凯书,1994.湖北杂交枸杞及系列产品开发研究进展.湖北农学院学报[J],**14**(3):77-80.

李剑萍,张学艺,刘静,2003.枸杞外观品质与气象条件的关系[J].气象,**30**(4):51-54.

刘静,张宗山,张立荣,等.2008.银川枸杞炭疽病发生的气象指标研究[J].应用气象学报,(03):333-341.

齐宗韶,杨晓春,1999.宁夏枸杞化学成分的研究[C]//宁夏枸杞研究.银川:宁夏人民出版社:420-424.

王锡林,1999.宁夏枸杞果实发育初步观察[C]//宁夏枸杞研究.银川:宁夏人民出版社:14-15.

胥耀平,李冰,1996.10 个主要枸杞品系综合评定[J].西北林学院学报,**11**(3):46-49.

张晓煜,2003.宁夏优质枸杞形成的环境条件研究[D].北京:中国农业大学.

张晓煜,刘静,王连喜,等,2004.枸杞品质综合评价体系构建[J].中国农业科学,(03):416-421.

张晓煜,刘静,袁海燕,2004.土壤和气象条件对宁夏枸杞灰分含量的影响[J].生态学杂志,(03):39-43.

张晓煜,刘静,袁海燕,2005.枸杞总糖含量与环境因子的量化关系研究[J].中国生态农业学报,(03):101-103.

张晓煜,刘静,袁海燕,等,2004.不同地域环境对枸杞蛋白质和药用氨基酸含量的影响[J].干旱地区农业研究,(03):100-104.

张晓煜,刘静,袁海燕,等,2003.枸杞多糖与土壤养分、气象条件的量化关系研究[J].干旱地区农业研究,(03):43-47.

张晓煜,张磊,刘静,等,2007.宁夏枸杞炭疽病发生流行的气象条件分析[J].干旱地区农业研究,(01):181-184.

第 5 章　枸杞病虫害与农业气象灾害

5.1　气象条件与枸杞病虫害

5.1.1　枸杞炭疽病

枸杞炭疽病(也称黑果病)是由胶孢炭疽菌(*Colletotrichum gloeospori-oides Penz*)引起的枸杞真菌病害,主要危害嫩枝、叶、蕾、花、果实等,是枸杞主要的病害之一。嫩枝、叶尖、叶缘染病时产生褐色半圆形病斑,扩大后变黑,湿度大时呈湿腐状,病部表面出现黏滴状橘红色小点,即病原菌的分生孢子盘和分生孢子;叶片染病时出现黑色斑点,严重者叶片褪色或枯萎;青果染病初在果面上生小黑点或不规则褐斑,遇连阴雨病斑不断扩大,直至整个青果变黑,干燥时果实缢缩;成熟红果会出现针尖状凹痕,湿度大时,病果上长出很多橘红色胶状小点,严重者凹痕底部有针尖状黑色霉点,直至整个红色果实变黑、变形。

在国家科技部公益项目"宁夏枸杞黑果病发生和爆发流行的农业气象预报方法研究"的支持下,项目组开展了枸杞炭疽菌培养实验,确定其萌发、生长与环境气象因子的关系。

(1)室内测定的菌落生长和孢子萌发气象指标

经培养 6 d 后的菌落平板,采用直径 5 mm 的打孔器,切取带菌菌碟。然后将直径 5 mm 菌碟接种于 8 cm PDA 平板中央,置于人工气候箱(HGP-280 h)按设定温度培养。设定温度为 5~40℃,梯度为 3℃,每处理 3 皿,重复 3 次,得到菌落生长的规律。

　　将培养 6 d 后菌落用 10 ml 无菌水洗下,配制成孢子悬浮液(低倍镜下每视野 20～30 个孢子),将配好的孢子悬浮液滴入载玻片上,放入 8 cm 培养皿,置于人工气候箱按设定温度保湿培养。每处理 3 皿,重复 3 次。培养 6 d后分别测量菌落半径,调查菌落生长量;培养 6 h、24 h 后,分别镜检孢子萌发情况,每处理检查 300 个孢子;将培养 6 d 后菌落用 10 ml 灭菌水洗下,制成孢子悬浮液,在显微镜下用血球计数板测定菌落产孢量,得到孢子萌发规律。不同温度对菌落生长、产孢量和孢子萌发影响结果见表 5.1。

表 5.1　不同温度对病原菌生长产孢量和孢子萌发的影响

温度	菌落生长(mm)			产孢量(个)			孢子萌发率(%)	
	Ⅰ	Ⅱ	Ⅲ	Ⅰ	Ⅱ	Ⅲ	6 h	24 h
4℃	0	0	0	0	0	0	0	0
7℃	0	0	0	0	0	0	0	0
10℃	0	0	0	0	0	0	0	0
13℃	5.50	6.0	4.50	7.90×10^6	6.64×10^6	2.56×10^7	0	1.36
16℃	11.50	10.50	10.0	6.92×10^6	1.19×10^7	2.79×10^6	0	5.6
19℃	15.0	14.50	14.50	6.37×10^6	7.38×10^6	2.46×10^6	0	15.23
22℃	19.0	21.0	19.0	1.17×10^7	8.21×10^6	1.19×10^7	0.57	18.56
25℃	23.50	21.50	25.0	6.12×10^6	5.00×10^6	2.06×10^6	2.34	21.38
28℃	22.50	21.0	23.0	1.71×10^7	8.66×10^6	9.78×10^5	5.25	24.19
31℃	20.50	22.0	21.20	2.18×10^6	4.36×10^6	6.73×10^6	5.13	25.16
34℃	12.50	13.0	10.500	1.02×10^5	1.41×10^5	2.89×10^6	10.16	26.12
37℃	0	0	0	0	0	0	0	28.93
40℃	0	0	0	0	0	0	0	0

　　25℃条件下菌落生长最快,最适温度为 22～31℃,10℃以下、37℃以上菌落不生长。22～25℃产孢量最大,13～31℃产孢量接近,10℃以下,37℃以上均不产孢。说明 10℃以下低温,37℃以上高温对菌落生长和产孢量有抑制作用(图 5.1)。

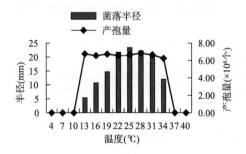

图 5.1　不同温度菌落生长、产孢量

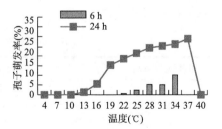

图 5.2　不同温度孢子萌发率

22～34℃条件下孢子 6 h 即可萌发,19～37℃为最适温度,10℃以下, 37℃以上均不萌发,说明 10℃以下低温,37℃以上高温,对孢子萌发也有抑制作用(图 5.2)。不同温度条件下培养菌落生长速率见表 5.2。

表 5.2　不同温度条件下培养菌落生长长度(单位:mm)

温度(℃)	1 d	2 d	3 d	4 d	5 d	6 d	7 d	8 d
10	0	0	0	0	0	0	0	0
15	0	0	0	0.66	0.88	1.19	1.39	1.74
20	0	0	1.07	1.50	2.07	2.62	2.98	3.38
25	0	0	1.16	2.38	3.3	4.11	4.4	5.01
28	0	0	1.36	1.88	2.62	3.39	3.49	4.43
31	0	0	0.84	1.72	2.62	3.44	4.31	5.06
34	0	0	1.1	1.78	2.11	2.47	2.99	3.32
37		0	0	0	0	0	0	0

菌落生长速率测定结果见图 5.3,菌落生长的适宜温度为 20～31℃, 10℃以下,37℃以上菌落停止生长。

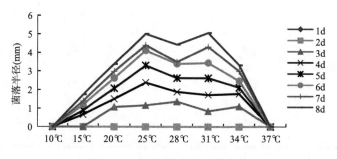

图 5.3　不同温度菌落生长速率

采用不同浓度硫酸调制成梯度为 90%、82%、75%、60%的相对湿度,每干燥器内放入 1000 ml 供测试用。将配制好孢子悬浮液滴入载玻片上,经快速风干后,置于不同湿度的干燥器内,25℃温度条件置于人工气候箱培养。分别在 6 h、12 h、24 h、48 h、72 h 后调查孢子萌发情况,相对湿度对孢子萌发的影响结果见表 5.3。

表 5.3　不同相对湿度对孢子萌发的影响

相对湿度(%)	Ⅰ	Ⅱ	Ⅲ	萌发率(%)
90	89.52	94	88.81	90.78
82	21.82	11.55	2.17	11.85
75	3.93	3.72	3.8	3.82
60	1.47	0.52	0.9	0.96

相对湿度 90％时,平均孢子萌发率为 90.78％;相对湿度 82％时,平均孢子萌发率迅速下降至 11.85％;相对湿度 75％时,平均孢子萌发率为 3.82％;相对湿度 60％时,平均孢子萌发率仅为 0.96％。以较高的温度和饱和湿度条件对萌发有利,湿度是影响枸杞炭疽病孢子萌发的主要因子(图 5.4)。

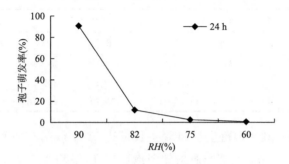

图 5.4　不同湿度孢子萌发率

设连续光照、12 h 交替光照、完全黑暗 3 种光照条件,光照设 1×750～11×750 lx 7 种处理。在 25℃的温度条件下置于人工气候箱培养,调查菌落生长、产饱情况。每处理 3 皿,重复 3 次。光照对病原生长、产饱和孢子萌发的影响见表 5.4。

表 5.4　不同光照下干、湿孢子萌发率(％)

光强 750 lx 的倍数	干孢子萌发率						湿孢子萌发率					
	6 h			24 h			6 h			24 h		
	I	II	III	I	II	III	I	II	III	I	II	III
11	0.82	0.32	0	11.69	19.89	15.60	12.68	0.67	0.32	52.83	31.07	32.16
9	1.20	0.33	0.65	8.04	9.27	8.28	0.31	1.66	0.60	33.05	14.06	11.32
7	0.96	0.58	1.16	9.27	2.33	3.78	15.09	9.48	10.83	15.98	10.79	23.54
5	0	0.88	0.25	3.63	2.03	2.99	1.80	2.95	1.79	5.23	6.63	4.98
3	0.69	0	0.31	0	0.36	0.94	0.33	4.84	0	8.75	2.68	2.56
1	0.61	0.33	1.32	1.64	3.85	6.71	8.36	4.42	12.88	29.59	30.47	3.90

由表 5.4 可知光照强度对孢子萌发可以产生影响,当光照达到 11×750 lx时孢子萌发率最高,可达 52.83％。在强光下自然干燥和保湿两种孢子保存条件,孢子萌发率存在明显差异。保湿条件下孢子萌发率远比自然干燥条件孢子萌发率要高,24 h 培养平均高 10％以上。

连续光照和交替光照对炭疽菌菌落生长、产孢量、孢子萌发率均有一定的影响,将配好的孢子悬浮液滴入载玻片上,分别在连续光照、12 h 交替光照、完全黑暗 3 种条件下保湿培养,调查孢子萌发情况。每处理 3 皿,重复 3 次。试验结果见表 5.5。

表 5.5 不同光照条件对病原菌生长产孢量和孢子萌发的影响

处理	6 h 菌落生长(mm)			6 h 产孢量(个)			孢子萌发率(%)	
	Ⅰ	Ⅱ	Ⅲ	Ⅰ	Ⅱ	Ⅲ	6 h	24 h
连续光照	22.50	22.00	20.00	2.88×10^6	3.54×10^6	1.19×10^6	0.38	15.73
交替光照	20.00	16.00	17.50	5.27×10^6	6.06×10^6	1.30×10^6	0	2.63
黑 暗	16.50	18.50	18.00	1.58×10^6	1.65×10^6	1.56×10^6	1.11	3.99

连续光照有利于菌落生长,6 h 生长量达 21.5 mm;交替和黑暗光照分别为 17.8、17.6 mm;交替光照条件产孢量最高,平均为 4.21×10^6 个;连续光照、黑暗光照产孢量平均分别为 2.54×10^6、1.6×10^6 个(图 5.6)。连续光照不利于产孢,但有利于孢子萌发,平均为 8.06%,而交替光照、黑暗孢子平均萌发率分别为 1.32%、2.55%(图 5.5、5.6)。

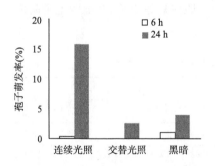

图 5.5 不同光照对孢子萌发的影响   图 5.6 不同光照对菌落半径、产孢量的影响

将加入 1 ml 孢子悬浮液的 2×20 cm 试管,分别置于 45℃、50℃、55℃、65℃恒温水浴锅中,每一温度经 5、10、15、20、25、30 min 处理,迅速冷却后将孢子悬浮液滴入载玻片上,在温度为 28℃ 的条件下保湿培养。同时将处理后孢子悬浮液接入 PDA 培养基上,在 28℃ 的温度条件置于人工气候箱培养,各处理培养 48 h 后,镜检孢子萌发率,PDA 培养基上培养 6 d 后调查菌落生长情况。测定菌落生长、孢子萌发的致死温度。菌落生长、孢子萌发的致死温度测定结果见表 5.6。

表 5.6　枸杞炭疽病的致死温度对孢子萌发率(%)

温度(℃)	5 min	10 min	15 min	20 min	25 min	30 min
65	0	0	0	0	0	0
60	0	0	0	0	0	0
55	0	0	0	0	0	0
50	2	0	0	0	0	0
45	19.63	10.99	7.15	9.69	6.19	7.44
40	21.12	15.80	9.16	8.90	7.20	7.50

40～45℃条件下 5 分钟可正常生长和产孢,随着温度时间的延长,萌发率迅速降低。50℃五分钟时仅有 2%孢子萌发率,菌落也能正常生长,时间继续延长就不能萌发和生长。50℃以上温度均能在短时间内立即杀死孢子(图 5.7)。

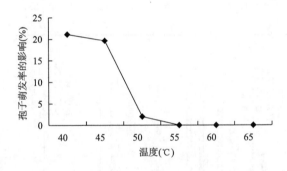

图 5.7　孢子致死温度

(2)孢子对枸杞组织侵染与气象因子的关系及指标

从芦花台园林场采回枸杞病果,分离后在 PDA 培养基培养。将未感病的枸杞叶、花、青果、红果各 60 个样,在孢子悬浮液中浸 5 min 后置于 8 cm 培养皿中,置于人工气候箱内,在 16～36℃温度范围内分别设置温度梯度为 4℃的条件保湿培养。每处理 3 皿,重复 3 次,设空白对照。分别在培养 6 h、24 h、48 h、72 h 测量处理和对照的病斑大小。不同温度条件下,枸杞各器官接种炭疽病孢子的侵染病斑直径见表 5.7 和图 5.8、图 5.9。

在 20～32℃条件下,接种孢子对花、叶、果均可造成侵染,而以 28～32℃侵染速度较快,据观察孢子接种后 6 h 即开始侵染,24 h 叶侵染可达 0.3 mm、花侵染为 0.43 mm,红果侵染速度最快,可达 1.75 mm;但是 24 h 时却对青果还不造成侵染;48 h 时侵染速度加快,叶、花、青果、红果分别可达 2.26、2.55、1.5、2.28 mm；72 h 对叶、花、青果、红果侵染分别可达 3.53、4.39、2.17、4.1 mm。红果被侵染后，先局部出现凹陷，进而出现白色菌丝体整果腐烂，镜检可看到大量枸杞炭疽病原孢子，病斑从果柄处逐渐向果体侵染较常见。在雨后或高温高湿条件下采摘后烘干出现的大量黑果，自然晾晒后出现大量烂果、霉果均为枸杞炭疽病侵染（图 5.8、图 5.9）。

表 5.7　控温条件下枸杞各器官接种炭疽病孢子的侵染病斑直径（单位：mm）

器官	叶			花			青果			红果		
温度（℃）	24 h	48 h	72 h	24 h	48 h	72 h	24 h	48 h	72 h	24 h	48 h	72 h
36	0.13	0.15	0.233	0	0	0.5	0	0	0	0.27	0.37	2.78
32	0.3	1.11	3.31	0.43	2.55	4.39	0	0.25	0.4	1.75	2.28	3.65
28	0.3	2.26	3.53	0.20	0.83	3.8	0	1.5	2.17	0.6	2.18	4.1
24	0	0.36	1.34	0	0.4	2.44	0	.2	0.3	0	0.21	1.8
20	0.2	1.0	4.72	0.2	0.5	0.43	0	0	0.36	0	0.25	2.5
16	0	0	0	0	0	0	0	0	0	0	0	0.5

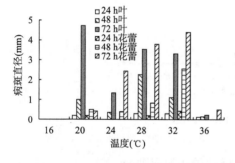

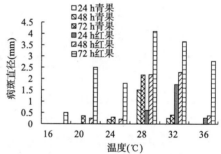

图 5.8　控温接种孢子对花、蕾的影响　　图 5.9　控温接种孢子对青果、红果的影响

采用 K_2H_2、NH_4SO_4、$NACl$、NH_4NO_3、$C_6H_{12}O_6$ 和 H_2O 过饱和溶液分别调成 92%、86%、76%、64%、55% 相对湿度。将接种的叶、花、果置于不同湿度环境中，测定侵染速度。不同湿度条件下枸杞各器官接种炭疽病孢子的发病情况见表 5.8、图 5.10。

76%～92%RH 条件下叶、花、青果、红果 24 h 均可侵染；侵染病斑分别可达 1.28、0.54、0.42、0.18 mm；48 h 分别可达 9.84、1.10、0.98、4.68 mm；72 h 病斑分别可达 14.9、5.59、2.01、7.92 mm。以 92% 湿度侵染速度最快。试验证明湿度是枸杞炭疽病侵染的关键因子，湿度越大侵染速度越快。

表 5.8　控湿条件下接种枸杞炭疽病孢子各生长器官的侵染病斑直径(单位:mm)

RH(%)	叶			花			青果			红果		
	24 h	48 h	72 h	24 h	48 h	72 h	24 h	48 h	72 h	24 h	48 h	72 h
92	1.28	9.84	12.1	0.108	1.10	1.33	0.42	0.98	2.01	0.15	4.68	7.92
86	0.19	0.32	0.65	0.54	0.99	1.53	0.13	0.16	0.16	0.18	1.17	2.88
76	1.17	0.19	14.9	0.117	0.14	5.59	0.1	0.125	0.88	0.11	2.06	3.57
64	0	0	0	0	0	0	0	0	0	0	0	0
55	0	0	0	0	0	0	0	0	0	0	0	0

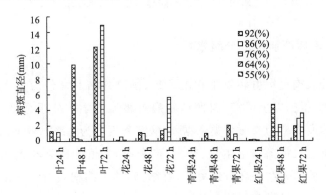

图 5.10　不同湿度条件下接种孢子侵染速度

(3)枸杞大田炭疽病发生与暴发流行与气象因子的关系及指标

模拟降水采用喷雾器人工喷水,设置 0 mm、5 mm、10 mm、20 mm、40 mm、80 mm 六种处理,每个处理用 3 棵树作为 3 次取样的重复。按照核算,各小区每次人工喷水 2.5 mm,间隔 2 小时后继续喷水,以保持植株湿润,直到达到该处理的模拟降水量。接种时间为 2005 年 7 月 19 日至 7 月 21 日,试验期间维持 2 天阴天,相对湿度维持在 90% 以上,其中 7 月 19 日达到 100%,接近自然降水天气条件。7 月 28 日调查结果表明,降水量小于 5 mm 时,病情变化不大;降水量 5~10 mm 时,无论青果、红果均表现出发病态势,果面普遍出现细小斑点,镜检发现果实已经受到炭疽菌侵染,达到标准的病害率上升到 26.4%;降水量在 10~20 mm 或连续降水天气超过 6 h,炭疽病发病率 20%~50%;当过程降水量在 20~40 mm 或连续降水时间超过 12 h,80% 的果实被侵染或变黑,部分枝条上的果实 100% 成为黑果;降水量超过 40 mm,即使达到 80 mm,病果率不再增大,雨水已足够引起全田黑果。由此可看出,5 mm、10 mm、20 mm 和 40 mm 分别是造成发病、扩散、流行和暴发流行的降水指标(图 5.11)。

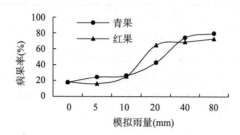

图 5.11　阴雨天接种后不同降水量青果和红果病果率

(4)炭疽病严重程度分级指标

为能开展枸杞炭疽病发生程度评价、预测评估及评价历史上枸杞炭疽病发生程度,根据以上研究,参照植物病虫害流行学的分级标准,以病情指数和对应的发病率为参照分类依据,将病情程度分为 5 级。根据以上各项气象因子与枸杞炭疽菌菌落生长、产孢、孢子萌发、植株侵染和大面积田间扩散流行的试验研究结果和数量关系,总结、归纳了枸杞炭疽菌从菌落生长到暴发流行各生物学过程各阶段的气象指标,见表 5.9。

表5.9　炭疽病严重程度分级指标及气象指标

项目	程度描述	不发生	轻微发生	发生	较重发生	严重发生
	等级	1	2	3	4	5
	病害程度	≤5%	6%~20%	21%~50%	51%~80%	>80%
菌落生长	温度(℃)	<10.0 >37.0	10.0~12.9 36.1~37.0	13.0~17.9 34.1~36.0	18.0~21.9 31.1~34.0	22.0~31.0
	湿度(%)	<80	80~90	80~90	80~90	>90
产孢	温度(℃)	<10.0 >37.0	10.0~10.9 35.0~37.0	11.0~12.9 32.0~34.9	13.0~21.9 26.0~31.9	22.0~25.9
	湿度(%)	<80	80~90	80~90	80~90	>90
孢子萌发	温度(℃)	<10.0 >40.0	10.0~15.9 38.1~40.0	16.0~18.9 37.1~38.0	19.0~24.9 34.1~37.0	25.0~34.0
	湿度(%)	<80	80~90	80~90	80~90	>90
侵染	温度(℃)	<20.0 >35.0	20.0~21.9 34.1~35.0	22.0~23.9 33.1~34.0	24.0~27.9 32.1~33.0	28.0~32.0
	湿度(%)	<75	76~80	81~85	86~90	>90

项目	程度描述	不发生	轻微发生	发生	较重发生	严重发生
	等级	1	2	3	4	5
	病害程度	≤5%	6%~20%	21%~50%	51%~80%	>80%
扩散、流行	平均气温(℃)	<16.0	16.0~17.9	18.0~19.9	20.0~22.0	>22.0
	最高气温(℃)	<20.0	20.0~21.9	22.0~23.9	24.0~27.9	28.0~32.0
		>35.0	34.1~35.0	33.1~34.0	32.1~33.0	
	湿度(%)	<75	76~80	81~85	86~90	>90
	降水量(mm)	<5.0	5.1~10.0	10.1~20.0	20.1~40.0	>40.0
	降水时间(h)	<6	6~12	6~12	6~12	>12

侵染程度与相对湿度大于 90% 湿润时间和平均温度有关。结合温度、湿度指标可知,温度低于 16℃,即使相对湿度大于 90%,枸杞炭疽病病原菌不能正常生长,不会发生炭疽病;降水量在 5 mm 以下或连续降水小于 6 h,一般也不会引起田间炭疽病发生。当日平均气温高于 22℃,最高气温高于 28℃,田间叶片和果实保持湿润时间超过 6 h 时或降水量为 5~10 mm,枸杞炭疽病可能普遍发生。当降水量超过 10 mm 或连续降水天气超过 6 h,日平均气温高于 22℃,会引起田间炭疽病扩散;当降水量超过 20 mm 或连续降水时间超过 12 h,气温在适宜范围内,会造成田间炭疽病流行,受害率超过50%;当雨量加大到 40 mm 且连续降水时间 12 h 以上,黑果病暴发流行,80% 以上的果实被侵染或变黑。当极端最高气温达到 40℃ 以上,炭疽菌孢子活力迅速下降,超过 45℃ 以上则死亡,即使出现降雨,也不会引发枸杞炭疽病大流行。

5.1.2　枸杞蚜虫

枸杞蚜虫属同翅目,蚜总科蚜科蚜属的一种昆虫。属不完全变态,有卵、若虫和成虫三种形态,其中成虫又分有翅蚜和无翅蚜两种,有翅蚜体长约1.9 mm,体绿色至深绿色,无翅蚜体长 1.5~1.9 mm,体淡绿色至深绿色。据调查,枸杞蚜虫于 4 月下旬枸杞发芽后即开始危害叶片、花器和幼果,5 月至6 月盛发。枸杞蚜虫常群集嫩梢、花蕾、幼果等汁液较多的幼嫩部位吸取汁液,造成受害枝梢曲缩,停滞生长,受害花蕾脱落;受害幼果成熟时不能正常膨大,严重时造成植株大量落叶、落花、落果和植株早衰,致使大幅度减产。除夏季虫口密度略有下降外,其种群危害基本贯穿枸杞全部生长期。

（1）枸杞蚜虫种群发生及危害情况田间调查

枸杞蚜虫种群发生趋势及其危害情况与降水、气温、日照和湿度四种气象因子均存在一定的相关性（图 5.12—15）。蚜虫危害率随降水的增多和湿度的增大而减少，随日照的增加而增加，在一定范围内，蚜虫危害率随温度的升高而增长，但高温来临时，蚜虫危害率便随之下降。其原因是枸杞蚜虫在枸杞枝条、叶片和花果上危害，世代发育进程处于开放环境，相对于枸杞红瘿蚊、瘿螨等受屏蔽保护作用的生境来说，更易受生长环境条件影响，同时也与枸杞蚜虫喜干旱不耐阴湿的生物学习性有关。这是降水、气温、日照和湿度四种气象因子综合作用的结果，但其中起主导作用的还是温度和降水，温度的高低对枸杞蚜虫的发育有较大的影响作用，而降水则直接影响到种群的生存。

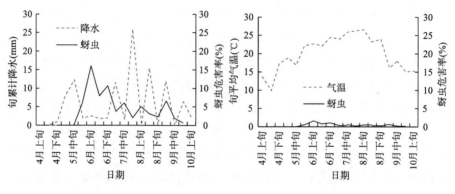

图 5.12　枸杞蚜虫种群趋势与降水　　　图 5.13　枸杞蚜虫种群趋势与气温

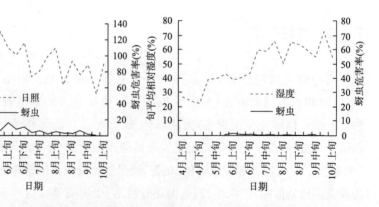

图 5.14　枸杞蚜虫种群趋势与日照　　　图 5.15　枸杞蚜虫种群趋势与湿度

（2）枸杞蚜虫田间消长规律与生长世代数推算

从温室和田间采回带蚜虫的枸杞枝条，保留尖端嫩叶，用毛笔轻轻将初生小若蚜转移至枸杞嫩梢叶上。每个枝条接 2 头，取锥型玻璃瓶放入 1/3 水，同时加入少许白糖，将接有蚜虫的枝条插入，放入人工气候室（HGP-280 h）进行饲养，饲养温度设 10、15、20、25、30、35℃共 5 个梯度。每次饲养处理设 5 个重复，每饲养完成一代，重新更换枝条另接蚜虫。每日 08:30、11:00、15:00、17:30 分别观察、记录若蚜脱皮和存活情况，如出现脱皮，立即用毛笔将皮挑去。第一次出现的卵称为第一代卵，由此发育的蚜虫称为第一代虫，第一代虫产的卵则称为第二代卵，记录枸杞蚜虫在不同温度下每个世代的生长天数。

根据人工气候室枸杞蚜虫饲养试验结果，将蚜虫发育速率用每个世代完成发育天数的倒数表示，发育速率与环境温度的关系如图 5.16 所示。由图可见，随着培养温度的升高，枸杞蚜虫的发育逐渐加快，两者呈极显著的非线性关系，即

$$G_v = -0.059 + 0.0116T - 0.00012T^2 \quad (n = 14, R^2 = 0.801, F = 21.2 > F_{0.01})$$

$$(5.1)$$

式中，G_v 为发育速率（1/d），T 为培养平均气温（℃）。

根据式（5.1），发育速率为 0 时的温度为 5.0℃，即低于此温度枸杞蚜虫不能生长或停止生长，因此，以 5.0℃作为枸杞蚜虫发育的起点温度。

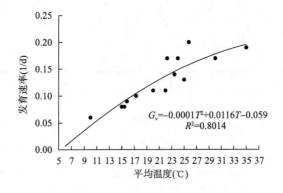

图 5.16　枸杞蚜虫世代发育速率与平均气温的关系

将银川、中宁历年枸杞生育期间逐日平均气温，代入式（5.1）估算得到枸杞蚜虫逐日发育速率，分别以春季、秋季平均气温稳定通过 5℃作为枸杞蚜虫的发生始期和停止繁殖的终止日期，以对式（5.1）进行检验。当逐日发

育速率累积值大于 1 时，表示 1 个世代发育完成；计算每代蚜虫累计完成发育的日数，即可推算历年枸杞全生育期蚜虫繁殖的世代数。

根据李锋等（2002）的观察，中宁枸杞蚜虫全年可发生 20～21 代，发生高峰期在 5 月上旬至 7 月中旬。一般 4 月上旬枸杞发芽时蚜虫即开始活动，5 月上旬盛发，主要危害枝梢嫩叶。蚜虫发生第 1 个高峰期为枸杞春梢生长盛期和盛花期，一般为 5 月中旬；第 2 个高峰期在枸杞春梢生长末期、幼果期和盛花中期，一般为 6 月上中旬；第 3 高峰期为幼果末期和果熟初期，一般在 6 月下旬。

根据 2006—2008 年银川芦花台枸杞蚜虫定枝调查资料，推算出银川枸杞蚜虫每年平均发育 21 代。从变化趋势来看（图 5.17），受枸杞蚜虫危害的 3 个高峰期分别出现在第 3～4、6～8、9～10 代。繁殖到第 12 代后，枸杞夏果进入成熟采摘期，降水增多，蚜虫迅速减少。

按照银川的观测结果，推算宁夏枸杞主要产地——中宁县历年枸杞蚜虫繁殖世代数、夏果生长期间蚜虫为害初日和迅速下降日，结果见表 5.10。由表可见，中宁枸杞蚜虫始发期平均在 3 月 27 日，全年可繁殖 21～25 代，平均 23 代；开始为害夏果平均在 5 月上旬末，迅速下降在 7 月下旬初，推算结果与生产上蚜虫的防治期基本吻合。

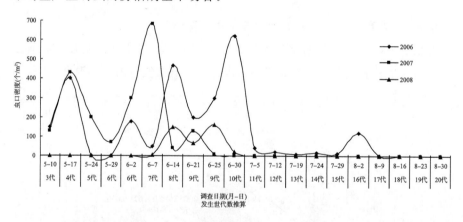

图 5.17　2006—2008 年银川枸杞蚜虫虫口密度的田间调查

表 5.10　1991—2012 年中宁枸杞蚜虫生长期、为害期和全年世代数推算结果

年份	开始生长期（月—日）	主要为害期（月-日）		终止生长期（月-日）	全年世代数
		起始日（第 3 代）	下降日（第 12 代）		
1991	04 - 02	05 - 16	07 - 29	10 - 18	22.3
1992	03 - 25	05 - 08	07 - 28	10 - 20	21.5
1993	04 - 09	05 - 18	08 - 02	10 - 27	21.0

续表

年份	开始生长期	主要为害期(月-日)		终止生长期	全年世代数
	(月—日)	起始日(第 3 代)	下降日(第 12 代)	(月—日)	
1994	03－26	05－08	07－23	10－15	22.3
1995	03－26	05－16	07－29	10－28	22.0
1996	04－07	05－20	08－03	11－04	21.9
1997	03－16	05－05	07－22	10－23	23.1
1998	03－25	05－03	07－22	11－10	24.1
1999	03－28	05－08	07－25	10－28	23.8
2000	03－25	05－09	07－22	10－27	23.4
2001	04－12	05－17	07－28	11－04	22.9
2002	04－10	05－18	07－29	10－20	22.0
2003	03－22	05－05	07－24	10－13	22.3
2004	03－19	05－02	07－22	10－20	22.6
2005	04－10	05－14	07－25	10－26	22.9
2006	03－23	05－04	07－19	11－12	25.0
2007	04－04	05－11	07－25	10－31	22.2
2008	03－10	04－30	07－14	10－22	23.9
2009	03－15	04－29	07－14	10－31	24.6
2010	03－26	05－12	07－24	10－23	23.5
2011	03－29	05－04	07－18	10－23	24.1
2012	03－14	05－01	07－14	11－02	25.0
平均	03－27	05－09	07－23	10－26	23.0

(3) 宁夏枸杞蚜虫发生程度与气象条件的关系

将银川芦花台园林场 2006—2008 年田间调查的枸杞蚜虫虫口密度数据与同期气象因子间建立二次函数关系。即

$$N = -3652.548 + 389.659T - 9.548T^2 \quad (n = 17, R^2 = 0.3071, F = 3.102 > F_{0.05})$$

(5.2)

式中，N 为虫口密度(头/m^2)，T 为旬平均气温(℃)。

当气温在 21℃以下时，随着气温升高虫口密度逐渐增加；当气温超过 21℃以后，随着气温升高虫口密度逐渐降低。宁夏气温超过 21℃的时间一般在 6 月上中旬以后，此时降水量显著增加，对枸杞蚜虫的发展有一定抑制作用。加之此时夏果进入成熟和采收期，生产上开始药剂防治，也是虫口密度迅速下降的主要原因(图 5.18)。

枸杞蚜虫密度与旬降水量呈极显著负相关，随着降水量的增加，虫口密度呈指数下降。说明降水可降低蚜虫基数，此外，与降雨相伴的高湿、气温

偏低环境也可使蚜虫繁殖速率下降(图 5.19)。

$$N = 339.37e^{-0.0959P} \quad (n = 17, R^2 = 0.4114, F = 10.48 > F_{0.01})$$

$$(5.3)$$

式中,N 为虫口密度(头/m^2),P 为旬降水量(mm)。

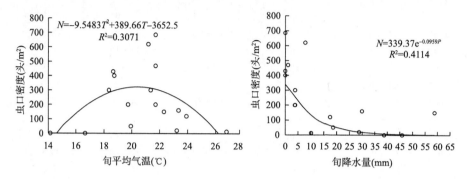

图 5.18　枸杞蚜虫虫口密度与旬平均气温　　图 5.19　枸杞蚜虫虫口密度与旬降水量

蚜虫虫口密度与旬日照时数呈极显著正相关,说明干旱少雨、晴热天气有利于蚜虫生长繁殖,随着旬日照时数的增加,枸杞蚜虫密度呈线性增加(图 5.20),即

$$N = 6.9381S - 368.8 \quad (n = 17, R^2 = 0.3804, F = 9.21 > F_{0.01})$$

$$(5.4)$$

式中,N 为虫口密度(头/m^2),S 为旬日照时数(h)。

蚜虫虫口密度与空气相对湿度呈极显著负相关,降雨天气增多导致相对湿度增加,抑制了蚜虫的发展,从而蚜虫密度下降(图 5.21),即

$$N = -12.169RH + 893.7 \quad (n = 17, R^2 = 0.4784, F = 13.759 > F_{0.01})$$

$$(5.5)$$

式中,N 为虫口密度(头/m^2),RH 为旬平均相对湿度(%)。

根据银川芦花台园林场 2006—2008 年田间调查结果,参考植保部门的建议,以虫口密度<100、100～199、200～299、300～399 和≥400 头/m^2 为界限分 5 个等次,将枸杞蚜虫危害划分为无害、轻度、中度、重度、极重 5 个等级。选用旬降水量、旬日照时数、旬平均相对湿度作为判别因子,利用式(5.3)—(5.5)和虫口密度判别标准推算相应各指标的判别标准,结果见表5.11。旬平均气温虽能反映枸杞蚜虫发生高峰期,但其与虫口密度的关系为二次曲线,作为指标缺乏唯一性,且其相关性弱于其他因子,故不作为衡量枸杞蚜虫发生等级的气象指标因子。

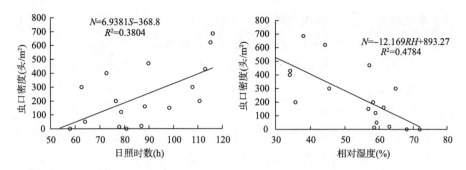

图 5.20　枸杞蚜虫虫口密度与旬日照时数　　图 5.21　枸杞蚜虫虫口密度与旬相对湿度

表 5.11　枸杞蚜虫发生程度按虫口密度分级的气象指标

等级	程度	虫口密度（头/m²）	旬降水量（mm）	旬日照时数（h）	旬平均相对湿度（%）
1	无害	<100	>14	<67.5	>65.2
2	轻度	100~199	7.5~14.0	67.6~82.0	57.0~65.1
3	中度	200~299	4.0~7.4	82.1~96.0	48.8~56.9
4	重度	300~399	1.0~3.9	96.1~110.5	40.5~48.7
5	极重	>400	<1.0	>110.6	<40.4

　　利用各地旬降水量、日照时数和旬平均相对湿度，参照表 5.11 中气象因子指标和虫口密度分级标准，可直观判断每个气象因子所代表的枸杞蚜虫虫口密度和对应的为害气象等级。也可将逐旬气象资料代入 (5.3)—(5.5) 式，计算每个气象因子对应的虫口密度和为害程度气象等级，便于实现计算机编程。以单因子与虫口密度的偏相关系数作为该因子的权重系数进行加权平均，得到枸杞蚜虫为害综合气象等级，即

$$G = 0.324G_P + 0.319G_S + 0.357G_{RH} \qquad (5.6)$$

式中，G 为枸杞蚜虫发生程度的综合气象等级，G_P、G_S、G_{RH} 分别为旬降水量、日照时数和平均相对湿度对应的枸杞蚜虫单因子等级。

5.1.3　枸杞红瘿蚊

　　枸杞红瘿蚊属双翅目瘿蚊科的一种昆虫。成虫用较长的产卵管从幼蕾端部插入，产卵于直径为 1.5~2 mm 的幼蕾内，专门危害枸杞的幼蕾，能使枸杞减产 40%~60%。被红瘿蚊产卵的幼蕾，卵孵化后红瘿蚊的幼虫开始咬食幼蕾的内部组织，被咬食后的幼蕾逐渐成畸形特征。被危害的幼蕾逐渐变圆，横向生长发育大于纵向发育，基部圆平，端部有时扭曲呈尖形，整个

幼蕾表面油亮,花蕾肿胀成虫瘿。后期花变厚,不规则,不能开花,最后逐渐腐败,颜色变成橘红色,有时流脓水,直到干枯脱落。

枸杞红瘿蚊的个体发育过程在土壤和植株的花蕾、果实中交替进行,大部分发育时期虫体都藏匿不外露,仅在入土化蛹前的老熟幼虫和羽化出土后产卵前的成虫短暂暴露。

据调查,枸杞红瘿蚊年约发生6代,危害极为严重。危害发生期较早,4月10—15日枸杞展叶现蕾时,越冬蛹羽化为成虫后出土,羽化期10～12天,羽化后2天开始交配、产卵于花蕾中为害。5—6月份枸杞开花和青果期幼虫在花蕾中盛发。7月份高温期虫口密度下降,危害减轻,10月中下旬以老熟幼虫结茧在土壤中越冬。

(1)枸杞红瘿蚊种群发生及危害情况田间调查

宁夏最早在1970年6月中宁县野生枸杞上发现红瘿蚊。1985年大面积危害,果实损失30％～50％。1999—2000年贺兰山农牧场危害面积超过50％,损失率在35％～40％。近年来,随着种植区域的扩展,枸杞红瘿蚊危害区域扩大,惠农、永宁、银川等地区也有发生。枸杞红瘿蚊集中危害期在4月下旬至7月中旬,这是枸杞盛果期,受红瘿蚊危害,枸杞产量损失极大。此后的7月中旬至10月其危害程度明显下降。从图5.22至图5.25枸杞红瘿蚊种群发生趋势及其危害情况与降水、气温、日照和湿度四种气象因子的相关性分析结果看,降雨、日照、湿度和气温与红瘿蚊的危害程度均有一定的相关性。春季危害程度随温度的升高而增长,夏季气温升高到一定水平时,红瘿蚊的危害受到抑制,秋季气温回落时,危害程度又有加重的趋势。这可能与气温对枸杞开花、结果等生理生长的直接影响及枸杞红瘿蚊在花蕾、果实中危害的特点有关。

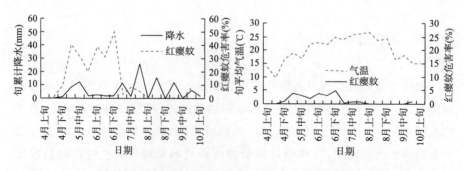

图5.22　枸杞红瘿蚊种群趋势与降水　　　图5.23　枸杞红瘿蚊种群趋势与气温

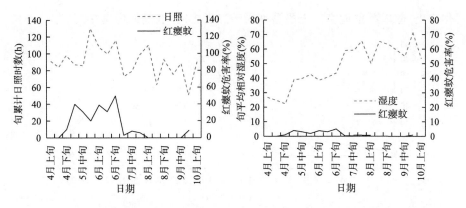

图 5.24　枸杞红瘿蚊种群趋势与日照　　图 5.25　枸杞红瘿蚊种群趋势与湿度

(2)枸杞红瘿蚊羽化出土与气象条件和土壤水分的关系

由于枸杞红瘿蚊羽化出土后危害,其羽化的土壤水分和土壤温度起关键作用。李锋、张宗山等于 2002 年 8 月做了试验,他们将壤土和沙壤土进行干燥处理后分别装入 20 个烧杯中,每个烧杯 200 g 土壤,各接入虫体均匀的红瘿蚊老熟幼虫 30 头,然后用医用注射器向装有两种土壤质地的烧杯中按设计的土壤湿度注水,土壤湿度设计为 0、10%、15%、20% 和 25%,各设 3 次重复。用纱布将烧杯口封好,温度保持 21~28℃。过 11 d 后统计孵化成虫数及羽化率。对此试验结果进行再分析,得到枸杞红瘿蚊不同羽化率的土壤湿度指标。

根据该试验,枸杞红瘿蚊羽化出土与土壤质地和土壤含水量关系密切。在同样土壤湿度环境下,沙土土壤孔隙度大,枸杞红瘿蚊羽化率高,而壤土内的枸杞红瘿蚊羽化阻力比沙土大。在土壤湿度低于 10% 时,无论沙土还是壤土内的红瘿蚊羽化率都较小。在土壤湿度超过 10% 后,羽化率迅速增大,土壤湿度在 15%~19% 范围内,羽化率均最高,最适于枸杞红瘿蚊羽化出土危害枸杞。当土壤过湿时,羽化率迅速减小。生产上往往采取大水漫灌阻止枸杞红瘿蚊的羽化出土危害(图 5.26)。

按照图 5.26 的结果,如果把枸杞红瘿蚊羽化出土率在 25% 以下定为轻度危害,25%~50% 定为中度危害,50% 以上定为重度危害。可知,沙土地土壤湿度低于 9% 或高于 25%,壤土地土壤湿度低于 12% 或高于 23%,都不适合枸杞红瘿蚊羽化出土危害枸杞。而沙土地土壤湿度在 12.5%~22.0%、壤土地在 14.0%~18.0% 范围内,超过 50% 以上的红瘿蚊能顺利羽化出土,造成严重危害。土壤湿度居于二者之间,红瘿蚊危害中度。

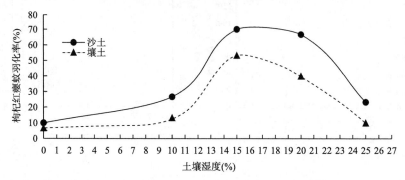

图 5.26　枸杞红瘿蚊羽化出土与土壤湿度的关系

将枸杞红瘿蚊危害率与同期逐旬气温、降水量、日照时数分别进行相关分析,建立相关方程。图 5.27 是枸杞红瘿蚊田间危害率与旬平均气温的关系,气温低于 12℃,枸杞红瘿蚊不羽化危害,在 12~22℃ 范围内,危害率随气温的升高而加重,在平均气温超过 23℃ 后,最高气温往往超过 30℃,危害率迅速减轻。

$$Y_T = 140.29 - 32.783T + 2.3545T^2 - 0.0496T^3 \quad (R^2 = 0.394, n = 13)$$
$$\tag{5.7}$$

式中,Y_T 为红瘿蚊危害率(%),T 为旬平均气温(℃)。

降水量可有效增加表层土壤的水分,与红瘿蚊危害率关系密切(图 5.28)。降水量在 6.5 mm 以下,随着降雨量的增加,表层土壤硬壳软化,有利于红瘿蚊羽化出土,危害率增大;而降水量超过此限,降水变成有效降水,特别是超过 10 mm 后,地表过湿,反而相当于灌水,抑制红瘿蚊的危害。

$$Y_R = 1.5162 + 14.671R - 1.121R^2 \quad (R^2 = 0.517, n = 12) \tag{5.8}$$

式中,Y_R 为红瘿蚊危害率,R 为旬累计降水量(mm)。

枸杞红瘿蚊危害率与日平均日照时数表现出线性正相关。随着日照的增加,晴天增多,更有利于枸杞红瘿蚊的危害(图 5.29)。

$$Y_S = -48.51 + 7.2333S \quad (R^2 = 0.339, n = 12) \tag{5.9}$$

式中,Y_S 为红瘿蚊危害率(%),S 为旬累计日照时数(h)。

相对湿度也与枸杞红瘿蚊的危害相关,相对湿度低于 40% 时,随着湿度的增加,危害率增大,而超过 40%,随着湿度的继续加大,危害率下降。表明枸杞红瘿蚊喜欢适宜的湿度环境,过干、过湿的环境都会抑制枸杞红瘿蚊的生长,与降水量的影响相呼应(图 5.30)。

$$Y_{RH} = -119.69 + 7.246RH - 0.087RH^2 \quad (R^2 = 0.576, n = 13)$$

$$(5.10)$$

式中,Y_{RH} 为红瘿蚊危害率(%),RH 为旬平均相对湿度(%)。

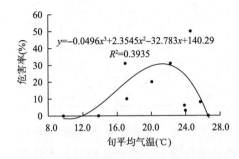

图 5.27　红瘿蚊危害率与旬平均气温

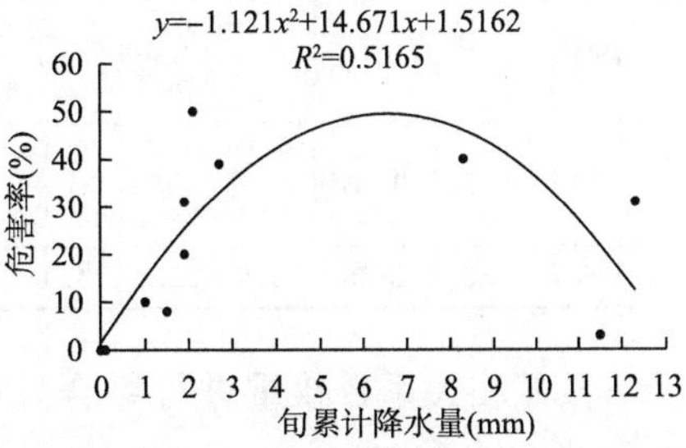

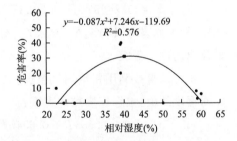

图 5.28　红瘿蚊危害率与旬累计降水量

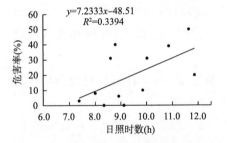

图 5.29　红瘿蚊危害率与旬累计日照时数

图 5.30　红瘿蚊危害率与旬平均相对湿度

综上所述,枸杞红瘿蚊危害主要与羽化数量有关,而羽化数量与土壤水分和土壤表层是否结壳阻止其出土有关。凡是影响其出土的因素是影响其危害的主要因素。因此,降雨量影响最大,相对湿度反映了降雨量的变化,因而相关也显著。而日照时数、平均气温与枸杞红瘿蚊出土和危害期活性有关,对危害率影响也较显著。

(3)枸杞红瘿蚊发生程度的农业气象指标

根据调查结果,如果枸杞红瘿蚊田间危害率低于 10%,认为是轻度危害,危害率超过 30%,认为是重度危害,居于中间的可认为是中度危害。结合表 5.12 的土壤湿度指标,确定的综合等级判别指标见表 5.12。

表 5.12　枸杞红瘿蚊发生程度的农业气象指标

危害级别	危害等级	生物特征		羽化土壤水分条件		危害气象条件			
		羽化率（%）	田间危害率（%）	沙土湿度（%）	壤土湿度（%）	旬累积降雨量（mm）	旬平均气温（℃）	日平均日照时数（h）	旬平均相对湿度（%）
1	轻	<25	<10	<9.0 >25.0	<12.0 >23.0	<0.5 >12.0	<15 >26	<8.2	<27 >57
2	中	25～50	10～30	9.1～12.5 22.1～24.9	12.1～14.0 18.1～23.0	0.5～2.5 10.9～12.0	15.1～20 23.1～25.9	8.3～10.7	28～36 47～56
3	重	>50	>30	12.6～22.0	14.1～18.0	2.6～10.8	20.1～23.0	>10.8	37～46

　　按照相关系数权重进行综合发病率模型集成,利用该集成模型计算发病率,结合土壤湿度条件,按照表 5.12 的病害等级发布枸杞红瘿蚊适宜发生农业气象条件等级预报。

$$Y = 0.2695Y_T + 0.3088Y_R + 0.2503Y_S + 0.3261Y_{RH} \qquad (5.11)$$

式中,Y 为危害等级,Y_T、Y_R、Y_S、Y_{RH} 分别为用气温、降水、日照和相对湿度计算出的危害等级。

　　也可以直接利用旬平均气温、旬累计降水量、旬累计日照时数和旬平均相对湿度的值,推算红瘿蚊危害率:

$$Y = -12.9 - 8.835T + 0.6345T^2 - 0.0134T^3 + 4.53R - 0.3462R^2 + 1.81S + 2.363RH - 0.0284RH^2$$

$$(5.12)$$

式中,Y 为红瘿蚊危害率,T、R、S、RH 的含义同(5.7)～(5.10)式。

　　表 5.13 给出了利用(5.12)式计算和指标法判别的样本回代检验、预测结果。其中 8 月上旬之前为历史样本回代检验,8 月中旬以后的样本没有参与模式建立,作为预测检验样本。从历史样本回代来看,5 月上旬至 6 月下旬枸杞红瘿蚊危害关键时段模型法与指标法判断完全正确。4 月上旬、下旬枸杞红瘿蚊还没有羽化出土,模拟和指标法判断其进入中度危害期,实况为轻度危害。7 月上旬至 8 月上旬模型判断对 1 错 2,指标法错 3。从预测情况来看,6 个预测样本中,模型法和指标法均对错各半。总体上来看,该模型和指标法对夏秋季预测判断正确率不高,对春末夏初的危害高峰期判断完全正确,模型和指标可用。其误差可能因夏秋季样本没有参与建模有关。

表 5.13 枸杞红瘿蚊危害程度气象等级预报检验结果

日期	红瘿蚊危害率(%)	模拟值(%)	模拟级别	实况级别	指标法判定级别
4 月上旬	0	10.6	2	1	2
4 月中旬	0	5.1	1	1	1
4 月下旬	10	15.4	2	1	2
5 月上旬	40	35.0	3	3	3
5 月中旬	31	22.4	3	3	2
5 月下旬	20	34.9	3	2	3
6 月上旬	39	35.2	3	3	3
6 月中旬	31	31.6	3	3	3
6 月下旬	50	32.4	3	3	3
7 月上旬	3	15.4	2	1	2
7 月中旬	8	12.7	2	1	2
7 月下旬	6	−110.7	1	1	2
8 月上旬	0	15.9	2	1	2
8 月中旬	0	−13.6	1	1	1
8 月下旬	0	12.5	2	1	2
9 月上旬	0	11.7	2	1	1
9 月中旬	0	15.9	2	1	2
9 月下旬	9	−1.4	1	1	2
10 月上旬	13	21.6	2	2	2

5.1.4 枸杞瘿螨

枸杞瘿螨属蜱螨目,瘿螨科。分布于宁夏、内蒙古、甘肃、新疆、山西、陕西、青海等地的枸杞引种栽培区。此虫为常发害虫,枸杞瘿螨主要危害枸杞叶片、花蕾、幼果、嫩梢、花瓣,被危害的部位变成蓝黑色痣状虫瘿,并使组织向外隆起。严重时,幼虫虫瘿面积占整个叶片的 1/4～1/3,嫩梢畸形弯曲,停止生长,花蕾不能正常开花结果。刨开黑色虫瘿观察发现,虫瘿内叶片组织疏松、坏死,呈海绵状。

4 月中、下旬枸杞展叶时危害植物组织形成虫瘿,损坏组织。5 月中下旬扩散至新梢危害,8 月中下旬转移至秋梢危害,11 月中旬进入越冬期。

从图 5.31 至图 5.34 分析结果看,枸杞瘿螨的种群发生及危害情况与降水、日照和湿度的相关关系均无明显的规律可循,与气温有一定的相关性。枸杞瘿螨主要在枸杞的嫩叶组织中发生危害,世代发育及其种群发生过程因受到叶片组织的屏蔽保护作用,而较少受降水、湿度、日照等气象因子的影响。但枸杞瘿螨世代发育过程中,成螨由老叶向嫩梢叶片的转移产卵过程处于开放的环境中,因此会受到老眼枝展叶及夏果枝发枝期的温度、湿度、光照、降雨等条件的影响。当温度、湿度、光照、降雨的极端气候条件出现的时间与成螨的转移产卵危害期吻合时,气象因子对枸杞瘿螨的影响作用就会明显地显现。图中枸杞瘿螨危害期出现峰值的次数及其时间,基本与枸杞主要结果枝的萌发期吻合。

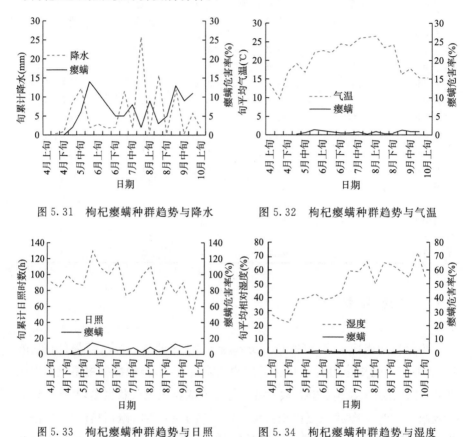

图 5.31　枸杞瘿螨种群趋势与降水　　　　图 5.32　枸杞瘿螨种群趋势与气温

图 5.33　枸杞瘿螨种群趋势与日照　　　　图 5.34　枸杞瘿螨种群趋势与湿度

5.1.5　枸杞木虱

枸杞木虱属半翅目,木虱科。分布在宁夏、甘肃、新疆、陕西、河北、内蒙古等地的枸杞种植区。枸杞木虱是枸杞园危害最大的一种虫害,主要是因为瘿螨是在木虱体内和腹部越冬,属于出来危害最早的虫害,成虫黑褐色,似小蝉,体长 2 mm,卵长圆形,位于叶正面和背面,有一长丝柄连接。若虫扁平,形如盾,主要着生于叶背面,体长 3.0 mm,宽 1.5 mm,木虱成虫与若虫都以刺吸式口器刺入枸杞嫩梢、叶片表皮组织吸吮树液,造成树势衰弱,严重时成虫、若虫对老叶、新叶、枝全部危害,树下能观察到灰白色粉末粪便,造成整树树势严重衰弱,叶色变褐,叶片干死,产量大幅度下降,质量严重降级,最严重时造成1~2年幼树当年死亡;成龄树果枝或骨干枝翌年早春全部干死。

　　图 5.35 至图 5.38 的分析结果表明,枸杞木虱的种群发生及危害情况与降水、气温、日照和湿度四种气象因子均存在一定的相关性,但以降雨、气温两种气象因子的相关性更为明显,这与枸杞蚜虫有类似之处。本项调查的统计对象是有卵叶片,统计数据是有卵叶百分数,而对于一段时期内卵在降水、气温、日照和湿度四种气象因子的综合作用下的存活与孵化情况,没有做更深入的考察,因此,木虱的种群趋势与气象因子的数据存在一定的时滞后效应和偏差。木虱的成虫、若虫和卵同处于开放的生存环境,但成虫具有较强的迁移性,因此,对于不同的虫态来说,受气象因子的影响作用是有很大差异的,对于枸杞木虱的种群发生与气象因子的相关关系研究,应以不同的虫态区别对待。

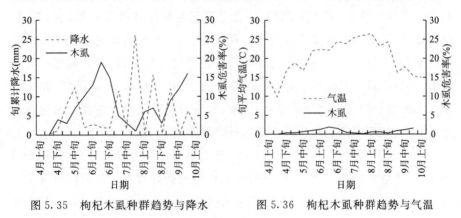

图 5.35　枸杞木虱种群趋势与降水　　　　图 5.36　枸杞木虱种群趋势与气温

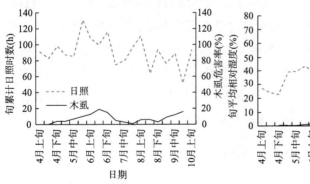

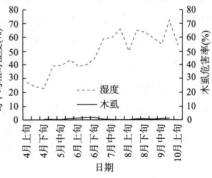

图 5.37　枸杞木虱种群趋势与日照　　　　图 5.38　枸杞木虱种群趋势与湿度

5.2　气象条件与枸杞农业气象灾害

5.2.1　枸杞热害、干热风

干热风是一种高温、低湿并伴有一定风力的农业灾害性天气。在各地区有干热风、热风、干旱风及热干风等不同称呼。枸杞受干热风灾害的影响不被人们所认识，但多年试验发现严重年份可减产近20％，常被归结为其他原因。枸杞有无限生长的习性，定枝观察发现，不同年份夏果枝长度和坐果节位数差异较大，出现干热风天气花蕾大量脱落，夏果枝在同一节位出现坐果减少或空枝。如果出现在7月上中旬，二次果枝封顶，不再分生新的花蕾，待这批果实成熟后，进入夏眠期，可能是高温时段往往处于夏果成熟期，树体挂果多，养分不足以支撑继续分生花蕾，造成夏果枝自动封顶。在研究枸杞产量与气象因子的关系时，意外发现枸杞产量与高温、低湿和风速同时显著相关，高温低湿时间越长，产量也越低，平均风速越大，产量越低，相关性低于前两者。短期加密观测显示，气温、叶温与枸杞生理活性存在抛物线关系，净光合速率在高温的午后出现"午休"现象。

为了研究高温对枸杞产量的影响，首先要对产量进行趋势分离，剔除品种特性、农业科技水平、管理水平对历年产量的趋势贡献。采用相对气象产量：$Y_w = (Y - Y_t)/Y_t$，与气象因子寻找相关关系。为确定干热风对枸杞产量的具体影响程度，确定不同干热风等级的气象指标和模型，2005年，项目组在银川市芦花台园林试验场的枸杞大田内设置落花落果试验，设置4期大弓棚提高环境温度，以裸露大田为对照，设置2个重复。分别在每个处理内选择3棵枸杞树，在树下铺设3 m² 塑料薄膜，在7月上中旬每天统计掉落在薄膜上的落花落蕾，计算单株落花落蕾数。与此同时，在每个处理内设置温湿度探头，记录逐日气温、最高气温和相对湿度。

(1)现蕾至夏果形成期高温对产量的影响

利用1975—2001年逐旬气象资料与气象产量进行相关普查，一般情况下，各时段相关系数整体波动幅度小，表明该时段各种气象因子大都处于枸杞适宜生长范围内,气象因素对产量的贡献较小,属于适宜时段。

发现 5、6 月气象条件对枸杞产量影响较大,相关系数整体波动大,表明气象因子的变化对枸杞产量产生了有利或不利影响,枸杞在这些时段对特定的因子变化敏感,也说明该时段某些特定因子并不是总能满足枸杞生长发育的需求,枸杞处在该因子的临界状态。

5 月中旬是枸杞老眼枝开花和夏果大量现蕾时段,最低气温低于 10℃时,随着气温的升高,产量增加,表明枸杞现蕾期气温低于 10℃可导致减产(图 5.39)。

$$Y_w = -2.2398 + 0.4444t_{n14} - 0.0212t_{n14}^2$$
$$(R^2 = 0.327, F = 5.83 > F_{0.08}, n = 26) \tag{5.13}$$

式中,Y_w 为相对气象产量,t_{n14} 为 5 月中旬最低气温(℃)。

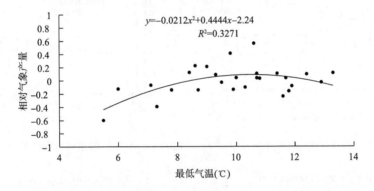

图 5.39　老眼枝开花期(5 月中旬)最低气温与 Y_w 的关系

5 月下旬是老眼枝幼果期和新枝现蕾期,枸杞开花、幼果期需要相对较低的温度条件,以延长营养生长和生殖生长的时间,分化更多的花蕾,从而获得较高的产量。平均气温和最高气温与产量负相关显著。

6 月下旬气象因子对产量的影响非常显著。气温日较差、日照时数、风速负相关达到极显著,单因子相关系数达到 -0.6 以上,最高气温负相关也接近显著水平。各显著因子的关系如表 5.14 所示。

表 5.14　6 月下旬气象因子与气象产量的关系方程(n=26)

因子	方程	R^2	F	Sign F
6 月下旬气温日较差	$Y_w = 1.301 - 0.0997(t_{m18} - t_{n18})$	0.346	13.18	0.001
6 月下旬平均相对湿度	$Y_w = -0.927 + 0.0163rh_{18}$	0.228	9.09	0.014
6 月下旬平均风速	$Y_w = 0.1373 - 0.162v_{18}$	0.454	17.44	0.0004
6 月下旬累计日照时数	$Y_w = 4.0086 - 0.8753\ln s_{18}$	0.367	14.47	0.0008

　　6 月下旬是老眼枝果成熟期和新梢幼果期。由图 5.40 至 5.43 可看出，高温、晴天、日照强烈和大的风速对枸杞产量有明显的负影响，相对湿度低也造成产量降低。通常认为，高温、强日照有利于果实迅速生长和成熟，表面上看起来，成熟和采摘进度加快，单位时间内获取的产量高，使人们误以为气温越高，枸杞越增产的假象。从枸杞主要分布在我国北方的特性说明枸杞是喜光、喜凉、耐高温、耐低温植物，幼果生长期出现高温，会缩短幼果生长时间，加速成熟，从而使大量的果实集中在一段相对缩短的时间内成熟，加重了植株营养供应负担，单果获取营养减少，使果实变小，产量降低。这些因子表现出干热风天气现象，证明枸杞与小麦等喜凉作物类似，可能会遭受干热风灾害的影响。

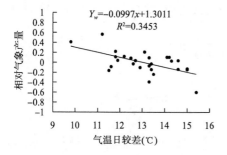

图 5.40　6 月下旬气温日较差与 Y_w 的关系　　图 5.41　6 月下旬相对湿度与 Y_w 的关系

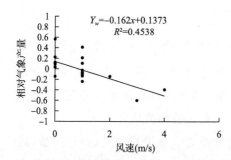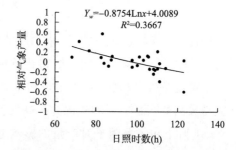

图 5.42　6 月下旬平均风速与 Y_w 的关系　　图 5.43　6 月下旬累计日照时数与 Y_w 的关系

　　根据枸杞大弓棚温度试验记录，建立的枸杞落花落蕾数 P 与逐日最高气温的关系为：

$$P = 366.92 - 26.423T_{max} + 0.4811T_{max}^2 \quad (R^2 = 0.498, n = 21)$$

$$(5.14)$$

式中，P 为枸杞日落花落蕾数（个/（株·日）），T_{max} 为日最高气温（℃）。

　　方程通过了 0.001 的显著性检验,表明当日最高气温超过 30℃ 以上,随着最高气温的继续升高,枸杞的落花落蕾很快增加,气温越高,增加越快(图 5.44)。图 5.45 为落花落蕾与夏果盛花期相对湿度的关系,随着日平均相对湿度的降低,枸杞落花落蕾量也显著增高。二者的关系为:

$$P = 97.131 - 2.1967RH + 0.013RH^2 \quad (R^2 = 0.401, n = 21)(5.15)$$

式中,P 为枸杞日落花落蕾数(个/(株·日)),RH 为日平均相对湿度(%)。

　　方程也通过了 0.001 显著性检验。当日平均相对湿度低于 50%,则最小相对湿度一般低于 30%,也与小麦干热风指标吻合。

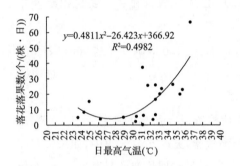

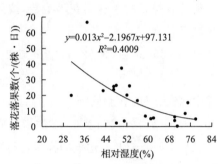

图 5.44　枸杞落花落果数与日最高
　　　　　气温的关系

图 5.45　枸杞落花落果数与日平均
　　　　　相对湿度的关系

　　由于设置的大弓棚试验阻隔了风的影响,而单纯利用裸露大田的风速样本虽然表现出随着风速的增大,落花落果率有所增多的趋势,但显著性不够,表明枸杞遭受干热风影响的主要因子是最高气温和相对湿度,以干害、热害为主,风速的作用有限。

(2)枸杞干热风气象指标

　　经测定,枸杞正常生理脱落在 15 个/(株·日)以下,如果把平均单株日落花落蕾量小于 20 个/(株·日)定为干热风天气轻度影响,20~30 个/(株·日)定为中度影响,30~40 个/(株·日)定为重度影响,大于 40 个/株定为极重度影响,则得出一个不同程度干热风日的气象指标见表 5.15。实际应用时,根据出现的指标因子值逐个判断单因子分级数值,进行因子分级等级平均,得到综合干热风日的等级。

表 5.15 枸杞落花落蕾的干热风日气象指标

级别	程度	落花落蕾(个/(株·日))	日最高气温(℃)	日平均相对湿度(%)
1	无	<15	<30.0	>70
2	轻度	15~20	30.0~31.0	63~70
3	中度	20~30	31.1~33.2	50~62.9
4	重度	30~40	33.3~35.0	40~49.9
5	极重	>40	>35.0	<40

也可以按照(5.14)、(5.15)式的相关系数权重进行组合,利用逐日气象资料计算每日的单株落花落蕾数,按照表 5.15 的程度确定干热风影响的干热风日程度:

$$P = 239.34 - 13.9276T_{max} + 0.2536T_{max}^2 - 1.0388RH + 0.0061RH^2$$

(5.16)

式中,各因子的含意同(5.14)、(5.15)式。

根据(5.16)式和表 5.15 的指标回代检验以及留出的 7 月 2 日、8 日、10 日、11 日 4 个未参与建模的样本进行预测检验,见表 5.16。表中,如果按照间隔 2 个等级算错误,1 个等级内算正确的话,模型法回代准确率为 85.7%,指标法为 81.0%。试报检验的 4 个样本中,两种办法均准确 3 日,准确率 75%。

表 5.16 采用模型法和指标法检验干热风日分级效果

时间	实测等级	模拟法	正确率	指标法	正确率
2005-07-05	5	3	×	3	×
2005-07-06	4	4	√	4	√
2005-07-07	4	3	√	4	√
2005-07-12	5	5	√	5	√
2005-07-13	4	5	√	5	√
2005-07-14	4	5	√	5	√
2005-07-15	4	3	√	4	√
2005-07-16	4	3	√	3	√
2005-07-17	4	3	√	3	√
2005-07-18	3	2	√	1	×
2005-07-19	2	2	√	1	√
2005-07-20	2	2	√	3	√
2005-07-21	2	2	√	1	√
2005-07-22	1	2	√	2	√
2005-07-23	2	2	√	3	√

续表

时间	实测等级	模拟法	正确率	指标法	正确率
2005 – 07 – 24	3	3	√	3	√
2005 – 07 – 25	2	3	√	3	√
2005 – 07 – 26	1	2	√	2	√
2005 – 07 – 27	2	2	√	2	√
2005 – 07 – 28	1	3	×	3	×
2005 – 07 – 29	1	3	×	3	×
2005 – 07 – 02	4	2	×	2	×
2005 – 07 – 08	3	3	√	4	√
2005 – 07 – 10	3	3	√	3	√
2005 – 07 – 11	3	4	√	4	√

5.2.2　枸杞低温冷害、霜冻

2011年来,枸杞产量不稳定的问题一直困扰着茨农,影响了宁夏枸杞的整体经济效益。究其原因,除人为管理因素外,主要还是气候因素,尤其是低温冷害、冻害对枸杞产量影响很大,枸杞是多年生植物,冻害不会在短时间内恢复,较轻冻害可以在当年恢复树势,较重冻害经过1～3年精心管护才能恢复,因此冻害会给枸杞生产带来持久的难以估量的损失。

枸杞成熟枝条以形成层最抗寒,皮层次之,木质部和髓部最不抗寒。枝条轻微受冻时只表现髓部变色,中等冻害时木质部变色,严重冻害时才伤及韧皮部和形成层,形成层变色时枝条失去恢复能力。尤其是生长较晚发育不成熟的嫩枝,保护性组织不发达,最易遭受冻害,有些枝条看起来没有受冻,但是发芽晚、叶片小,剖开木质部色泽变褐,也是冻害的表现。

花芽较叶芽和枝条抗寒力低,多出现在早春,花芽受害时,花器发育迟缓或出现畸形,严重时全树花芽干枯死亡,花芽分化程度越深、越完全,则抗寒力越低,枸杞的腋花芽较顶花芽抗冻强。有的外表没有变化,但是剖视后,其内部变褐,可见芽髓已变褐,严重时花芽死亡干缩。春季低温对花芽的冻害最为严重。

枸杞生存对温度要求不太严格,但要达到既高产又优质的目的与两个温度指标密切相关:①大于10℃的有效积温。②从展叶到落叶前的气温日较差。3月下旬当地温达到0℃以上时,新根就开始生长,4月上旬地温达到

8～14℃时,新根生长最快,当4月初气温达5℃以上时,春芽开始萌动,花芽开始分化;4月中旬气温达10℃以上时,开始展叶;12℃以上时,春梢生长;15℃以上时,生长迅速。5月上旬气温达16℃以上时,开始开花,17～22℃开花最适宜。然而宁夏终霜冻结束时间基本上在4月下旬。个别年份初霜和终霜提前或推迟的时间比较多,有的年份9月初就出现初霜冻,有的年份5月下旬终霜冻才结束。终霜冻太迟,冻坏老眼枝花蕾和果实以及7寸枝、花蕾,初霜冻太早,秋果不能全部收获,产量和品质都受影响。

低温冷害的主要应对措施有:①适当搭配耐低温品种,如宁杞2号、宁杞5号。②枸杞萌芽和开花时及时喷水,延迟萌芽和开花时间或者树上喷施磷酸二氢钾、微肥复合液300倍,增加树液浓度,减轻低温影响。③利用铺杂草、覆地膜、树上加麦草把等办法保温、保湿。④枸杞萌芽期喷施乙烯利、萘乙酸50ppm溶液,短期抑制萌动。⑤开花期间隔15～20d喷施1次磷酸二氢钾、硼锌钼微肥,提高花芽的细胞液浓度,增强抗寒力,也有一定的防霜冻效果。

5.2.3　枸杞干旱

干旱指久晴无雨或少雨,降水量较常年同期明显偏少,灌水又很困难而形成的一种枸杞气象灾害。作为一种由气象因素引发的自然灾害,干旱具有出现频率高,持续时间长,波及范围广的特点。宁夏处于西北内陆,干旱少雨,气温升高增大了土壤水分蒸发量,导致干旱化趋势更加严重。干旱年份占总年份的39.2%,大旱年份占17.8%,且夏旱多,发生频率在80%以上,连续干旱时间最长可达114 d。

干旱的危害:①可使树体内水分收支失衡,发生水分亏损,影响正常生长。②导致树体生长缓慢,叶片下垂脱落,枝条逐渐枯干,直至死亡。③易引起枸杞生理性病害,果实瘦秕,叶片没有生机。④易出现黑心、变色、硬化现象,花期遇旱易引起落花落蕾,花蕾干死;果实发育膨大期遇旱,发育速度减慢;果实成熟阶段遇旱,推迟成熟期。每遇干旱年份,由于黄河来水紧张,灌溉困难,发生枸杞干旱,给枸杞生产造成很大损失。

干旱应对措施主要有:①加强修剪。剪除徒长枝或过多营养枝,衰弱树的内膛枝,冗长的着地枝,改善树体营养状况,提高抗逆能力。②补液。干旱严重时,结果量较高,水源紧缺的枸杞园,可用施肥枪距主干50 cm树冠下土壤注射氨基酸、磷酸二氢钾液1000倍,可起到补水补肥的作用。③科学灌溉。在干旱严重地区为了节约用水,提高水分利用率,可采用滴灌、沟灌、穴灌等技术,将少量的水用在需水临界期。④做好保水抗旱工作。在灌水和下雨后采用深耕保水,一般深耕深度为 10~12 cm,切断土壤毛细管,抑制土壤深层水分蒸发,起到保墒作用,覆盖地膜抑制土壤水分蒸发。⑤增施有机肥。枸杞园增施农家肥、土杂肥、植物秸秆、腐熟的家畜家禽粪便,增加土壤有机质,改善土壤团粒结构,增加土壤通透性,增强土壤保水保肥性能。

5.2.4　阴雨天气

持续阴雨天气易诱发根腐病,发生涝害导致枸杞根系受损,影响枸杞生长发育、开花结果,降低果品品质和产量。特别是在春季 3 月,日降水量或连续降水量在 5 mm 以上,常造成枸杞园地面板结,土壤返盐,洼田积水,土壤通气性差,呼吸受阻,容易造成根部病害发生,延缓树体萌动或致使植株死亡。

连阴雨通常是指 3 天以上连阴、降水在 20 mm 以上的阴雨天气,枸杞采收期遇连阴雨造成的损失最大,这主要是因为:①枸杞营养丰富,又是浆果,采下来的果实不能及时晾干,发霉、腐烂,造成产量品质受损。②树上成熟果实由于连阴雨湿度大,造成裂果腐烂无法采收。③枸杞是喜光植物,连阴雨时间长不能开花授粉,造成空枝率提高,影响产量。

出现阴雨天气的应对措施主要有:①及时排水。阴雨连绵容易造成枸杞园积水,导致枸杞树根系受害,特别是地势低洼的枸杞园,特别要注意清沟排水工作,确保枸杞不受涝害。②雨后及时喷施杀菌剂和叶面肥。特别是 5—8 月份发生阴雨天气时需及时喷施杀菌剂,将早期落叶病、黑果病、白粉病、灰霉病的影响降至最低,并且喷施一些氨基酸微肥,促进树势恢复。③改善枸杞园通风透光条件,及时疏除多余的徒长枝、过密枝、无效枝、内膛弱枝、针刺枝、病虫危害枝,降低郁蔽程度,抑制病害暴发流行。④保花保果。连续阴雨天气对已开花的枸杞授粉坐果不利,应喷施 200~300 倍硼酸溶液,促进枸杞授粉和坐果。

5.2.5　大风抽干

气象上称 8 级(17.2 m/s)或以上的风为大风。一年四季都可能发生,夏季最易发生,且危害严重。大风主要是吹断树枝,吹落果实,使枝条互相摩擦受伤,影响开花、授粉。长时间的大风会使土壤风蚀、沙化、失水、还可传播病害。早春枸杞常受风沙危害,树体刮倒,有的连根拔起,叶片表面密布沙尘,花冠填满沙粒,夏秋大风使枸杞树倒伏或倾斜,刮落树叶果粒,造成减产。

　　大风的应对措施主要有:①注意天气预报,未来几天如有大风,控制灌水,以防大风摇摆,扳断根系,造成青干。②枸杞园选址规划时避开风口,必要时在新建基地周围营造4~5排乔灌混合型防风林带,在排水沟或水渠边栽植2排防风林带,缓解大风对枸杞的损害。③加强枸杞园水肥管理,大风口附近的枸杞园适当矮化修剪,增强树势,提高抗逆性和抗风性。④成熟果实要及时采摘制干处理,尽量降低风害损失。⑤灾害过后及时清理果园,细致扶正歪斜的树冠,剪除被风吹断的枝条,集中处理。清园后喷施杀虫、杀菌剂和营养剂等。⑥灾后要加强管理,浇水、施肥要跟上,尽快促进树势恢复。

5.2.6　雹灾

　　冰雹是一种局部性强、季节明显、来势猛、持续时间短、损失大的气象灾害,常伴有大风暴雨,给丰收在望的枸杞树等作物带来重大损失,甚至造成绝产绝收,树体损坏多发生在春末夏初,夏秋交替的季节有时也会发生。冰雹大且密集时往往造成枸杞枝条断裂,主枝主干表皮被砸破,叶片、果实被砸乱砸伤,造成大量落叶、落花、落果,影响树势和产量,降低果实商品率,使生产受到损失。

　　冰雹灾害的应对措施有:①雹灾后枸杞枝折叶落,树体受伤,应根据受灾时期和程度采取不同的修剪方法。雹灾发生在6月15日以前且程度不是太重时应轻剪,并及时把损伤严重、不能复原的枝条剪去,刺激树体局部发枝,充实树冠。6月15日—7月底这段时间内受灾应重剪,并把损伤较重,恢复有困难的枝条全部剪去促进整体更新。②在修剪的基础上,应立即用速效肥料追肥。③雹灾后土壤板结、土性凉,因此要及时翻园。这样可增加土壤表面的凸凹度、通透性,有利于土壤中微生物的活动,加速养分的分解和根系的吸收利用、促进树势的恢复。④灾后树体上总有新的嫩芽长出,蚜虫最喜欢危害枸杞幼嫩部分,如不及时防治,叶片很快就会卷缩成团,因此要及时喷药防蚜。

参考文献

程廉,1983.枸杞炭疽病发生规律及防治研究[J].西北农学院学报,(2):25-27.

陈怀亮,张弘,李有,2007.农作物病虫害发生发展气象条件及预报方法研究综述[J].中
　　国农业气象,**28**(2):212-216.

陈君,程惠珍,张建文,等,2003.宁夏枸杞害虫及天敌种类的发生规律调查[J].中药材,
　　26(6):391-394.

邓放,1985.枸杞炭疽病病菌的培养性状研究[J].吉林农业大学学报,(1):1-4.

杜红霞,2002.枸杞红瘿蚊的发生与防治[J].植物保护,(6):29.

方仲达,1979.植病研究方法[M].北京:中国农业出版社:74-75.

韩斌杰,2014.4 种生物农药对枸杞蚜虫的田间防效[J].甘肃农业科技,(6):48.

马国飞,张磊,刘静,2007.枸杞炭疽病预测方法研究[J].北方果树,(04):3-5.

李云翔,2007.宁夏枸杞蚜虫田间防治规范化操作规程(SOP)研究[J].森林保护(1):
　　25-26.

李云翔,2006.宁夏枸杞蚜虫田间防治规范化操作技术研究[J].林业实用技术(12):
　　24-25.

李云翔,李绎,杨芳,等,2002.枸杞红瘿蚊田间发生规律变化原因浅析[J].宁夏农林科
　　技,(04):34-35.

李锋,孙海霞,李绍先,等,2006.枸杞红瘿蚊覆盖隔离防治技术操作规程[J].宁夏农林科
　　技,(04):18.

李锋,孙海霞,仵均祥,2005.枸杞红瘿蚊入土、出土及其在土壤中活动规律[J].林业科
　　技,**30**(5):30-32.

李锋,王英,张宗山,等,2004.土壤质地与含水量对枸杞红瘿蚊羽化率的影响初步研究
　　[J].甘肃农业科技(5):48-49.

李锋,杨芳,李云翔,等,2002.枸杞蚜虫发育的有效积温和发育起点温度测定[J].宁夏农
　　林科技,(3):18-19.

李岩涛,张锦秀,邓振荣,等,1992.枸杞炭疽病发生规律及防治对策研究[J].内蒙古农牧
　　学院学报,(3):64-70.

刘静,张宗山,马力文,等,2015.宁夏枸杞蚜虫发生规律及其气象等级预报[J].中国农业
　　气象,**36**(03):356-363.

刘树生,1995.昆虫发育过程中的速率累加效应对其日均发育率的影响[J].应用生态学
　　报(1):61-66.

刘正坪,胡俊,高翔,等,2005.枸杞炭疽病菌生物学特性研究[J].北京农学院学报,**20**
　　(3):36-39.

任月萍,2007.十三星瓢虫对枸杞蚜虫的捕食功能及寻找效应的研究[J].吉林农业大学
　　学报,**29**(6):616-619.

唐慧锋,赵世华,谢施讳,等,2003.枸杞炭疽病发生规律试验观察初报[J].落叶果树,
　　(5):55-57.

唐慧锋,赵世华,谢施粹,等,2004.不同药剂对枸杞黑果病的防效试验[J].落叶果树,
　　(2):57-58.

唐慧锋,赵世华,谢施讳,等,2004.枸杞黑果病发生规律初报[J].山西果树,(1):16-17.

王文华,李建国,李军,等,2007.发展宁夏枸杞有机生产,促进宁夏枸杞升级[J].宁夏农
　　林科技,(6):62-63.

武深秋,2004.高温多雨谨防果树炭疽病[J].河北果树,(4):46-47.

吴晓燕,马孝林,马建华,2009.枸杞蚜虫的田间发生动态及药剂室内毒力试验[J].林业
　　科技,(6):28-29.

杨芳,李锋,刘志强,等,2002.枸杞蚜虫为害枸杞花蕾指标研究初报[J].宁夏农林科技,
　　(2):20-21.

张丽荣,张宗山,刘静,2007.枸杞炭疽病室内药剂筛选及田间药效防治试验[J].现代农
　　药,(06):47-49.

张锦秀,李岩涛,邓振荣,等,1992.枸杞炭疽病菌生物学特性研究[J].华北农学报(4):
　　112-116.

张宗山,刘静,张丽荣,等,2005.宁夏枸杞炭疽病病原的生物学特性研究[J].西北农业学
　　报,(06):132-136+140.

张宗山,张丽荣,刘静,等,2008.枸杞炭疽病对成熟果实侵染过程的显微观察[J].西北农
　　业学报,**17**(1):92-94.

张宗山,张丽荣,刘静,等,2006.枸杞炭疽病菌对成熟果实侵染的研究[J].西北农业学
　　报,(06):192-195.

张宗山,赵怡红,1999.枸杞红瘿蚊年世代发育与温度的关系初步研究[J].植物保护,
　　(z1):21-24.

赵怡红,吴晓燕,杜玉宁,2004.四种杀菌剂对枸杞黑果病的防治效果[J].农药,(7):
　　329-330.

赵玉根,孙德军,丁国强,等,2005.枸杞炭疽病预测预报研究[J].内蒙古林业科技,(3):
　　28-29.

赵玉根,王双运,樊程远,2005.枸杞蚜虫的预测预报[J].内蒙古林业科技,(2):21-22.

中国医学科学院药物研究所,1980.枸杞黑果病的初步研究[J].植物保护,(2):25-26.

Chen J, Cheng H Z, Ding W O, et al, 2002. Investigation on occurrence of Lycium pests
　　and their natural enemies[J]. China Journal of Chinese Material Medica,**27**(11):819-
　　823.

第 6 章　枸杞气候品质评价与认证

　　特色农产品气候品质认证是指气象部门根据当年的气候条件对农产品的品质进行等级评定的行为。农产品品质除了受土壤肥力、管理等因素影响外,光照、温度、湿度等气候条件对其品质形成起着关键作用,如大家熟知的葡萄年份酒概念,就是国外葡萄气候品质认证的典型。农产品气候品质认证是适应市场经济需求的全新认证,是农产品畅销的"身份证"。气候品质认证工作为农产品注入了全新的气象科技含量,对提升农产品市场竞争力具有重要意义。

　　宁夏开展枸杞气候品质认证十分必要。首先,宁夏枸杞以全国品质最优享誉国内外,产业规模大,全国产销量第一,但其品质受气候条件影响,年际间波动很大,甚至同年各批次品质差距也较大,枸杞品质不稳定。其次,宁夏是内陆省区,品牌意识不强,产品的营销策略更需向东部省份学习。第三,受利益驱动,全国许多地区冒用宁夏枸杞销售,误导消费者,使宁夏枸杞声誉受损,急需具有典型地域气候特点的权威认证。实施枸杞气候品质认证战略对提高特色产品知名度和品牌价值,促进产业升级十分必要,也十分紧迫。

　　综上所述,在宁夏开展枸杞气候品质论证与认证工作,是宁夏气象部门枸杞研究的大量科研成果转化为实际生产力的最佳途径;是气象服务宁夏特色产业发挥品牌优势的重要举措;是社会和经济发展的必然需求,可产生巨大的社会效益和经济效益。

6.1　资料与方法

　　宁夏气象信息中心提供的宁夏中北部地区 18 个国家级观测站历年逐日气温、降水量、日照时数等资料,内蒙古、甘肃、青海等取样点相应气象站逐日气象资料。宁夏气象科研所承担的枸杞国家自然基金、科技部、中国气象局项目部分成果、论文和观测、化验资料。2013年宁夏、内蒙古枸杞采样化验资料。

采样品种选择宁杞1号、2号、3号作为研究对象。根据"宁杞系列"叶片宽大肥厚、嫩叶中脉基部紫红色、枝条节间长、花丝基部有稀疏绒毛、果型为柱型、果柄为白色等特有特征采集样品。为消除田间管理水平对枸杞品质的影响,在采样时尽量选择枸杞树龄、植株密度、水肥条件、枝条修剪水平一致的样品。

在宁夏银川、兴仁、中宁、内蒙古杭锦后旗沙海乡等地采集枸杞样品共计22个样本(表6.1)。

表 6.1　枸杞取样地点及取样时间

编号	取样地点	取样时间	编号	取样地点	取样时间
1	兴仁县城关	2013 - 06 - 21	12	中宁枸杞县舟塔乡	2013 - 07 - 26
2	兴仁县城关	2013 - 06 - 29	13	中宁枸杞县舟塔乡	2013 - 08 - 07
3	兴仁县城关	2013 - 07 - 07	14	中宁枸杞县舟塔乡	2013 - 08 - 16
4	兴仁县城关	2013 - 07 - 15	15	银川芦花台园林场	2013 - 06 - 16
5	兴仁县城关	2013 - 07 - 23	16	银川芦花台园林场	2013 - 06 - 23
6	兴仁县城关	2013 - 07 - 31	17	银川芦花台园林场	2013 - 06 - 30
7	兴仁县城关	2013 - 08 - 08	18	银川芦花台园林场	2013 - 07 - 06
8	兴仁县城关	2013 - 08 - 10	19	临河杭后旗沙海乡	2013 - 06 - 20
9	中宁枸杞县舟塔乡	2013 - 06 - 28	20	临河杭后旗沙海乡	2013 - 07 - 05
10	中宁枸杞县舟塔乡	2013 - 07 - 08	21	临河杭后旗沙海乡	2013 - 07 - 13
11	中宁枸杞县舟塔乡	2013 - 07 - 17	22	临河杭后旗沙海乡	2013 - 07 - 23

枸杞样品由国家认证的专业化验机构宁夏分析测试中心进行检测,检测项目有枸杞蛋白质含量、枸杞多糖含量、枸杞灰分含量、枸杞总糖含量。

人工分别测量枸杞百粒重、枸杞百粒纵径、色泽、坏果率等。

6.2　枸杞气候品质评价指标与模型

6.2.1　枸杞单项品质因子与气象条件的关系模型

张晓煜等研究了不同地域间枸杞蛋白质与环境条件关系,蛋白质含量与土壤中水解氮呈对数关系,气象因子的影响不明显:

$$CPr = 3.98\ln(1.2059 \times N_a) \quad (n=22, R^2=0.29, F=7.96 > F_{0.05}^{0.12} = 4.35)$$

$$(6.1)$$

式中，CPr 是蛋白质含量（%），N_a 是土壤水解氮含量（ppm）。

张晓煜等建立枸杞总糖含量与气象、土壤养分的二维关系：

$$CS = -231.998 - 0.167x_1 + 0.0518x_2 + 2.136x_3 - 26.465x_4 +$$
$$1.328x_5 + 0.118x_6 + 0.05265x_7 \quad (R^2 = 0.954, n = 28)$$

$$(6.2)$$

式中，CS 为枸杞总糖含量（%）。x_1 为果实形成期降水量（mm），x_2 为枸杞开花—果实成熟期日照时数（h），x_3 为果实形成期平均最低气温（℃），x_4 为土壤 pH 值，x_5 为土壤有机质含量（g/kg），x_6 为土壤水解氮含量（g/kg），x_7 为土壤速效钾含量（g/kg）。

张晓煜等发现枸杞多糖与土壤全磷呈负指数关系，与枸杞开花至果熟期间的降水日数呈二次曲线关系：

$$CP_O = 4.8255e^{-0.9925p_t} + 0.205n - 0.0056n^2 - 1.58 \quad (R^2 = 0.905, n = 36)$$

$$(6.3)$$

式中，CP_O 为枸杞多糖含量（%），P_t 为土壤全磷含量（g/kg），n 为枸杞开花至果熟期间的降水日数（d）。

张晓煜等发现枸杞灰分与果实形成期相对湿度、气温日较差和枸杞开花到成熟期降水日数关系密切：

$$CMA = -0.830 - 1.60K_t + 6.359 \times 10^{-2}P_n + 3.856 \times 10^{-2}U_d +$$
$$0.191D_d \quad (R^2 = 0.735, n = 28)$$

$$(6.4)$$

式中，CMA 为枸杞灰分含量（%）。K_t 为土壤全钾（g/kg），P_n 为枸杞开花到成熟期降水日数（d），U_d 为果实形成期平均相对湿度（%），D_d 为枸杞果实形成期气温日较差（℃）。

李剑萍等发现百粒重与采摘前 40 天平均气温、采摘前 35 天平均相对湿度的关系密切：

$$WH = 41.26 - 0.26T_{40} - 0.35U_{35} \quad (R^2 = 0.59, n = 28) \quad (6.5)$$

式中，WH 为枸杞百粒重（g），T_{40} 为采摘前 40 天平均气温（℃），U_{35} 为采摘前 35 天平均相对湿度（%）。

根据李剑萍等的研究，百粒纵径与枸杞落花后到成熟期（35～40 天）的降水量、平均相对湿度、开花后 5 天平均气温有关：

$$LH = 238.15 - 0.15R_{40} - 1.15U_{40} - 1.83T_{f5} \quad (R^2 = 0.52, n = 28)$$

$$(6.6)$$

式中，LH 为枸杞百粒纵径（cm），R_{40} 为枸杞落花后到成熟期（35～40 天）的降水量（mm），U_{40} 为枸杞落花后到成熟期（35～40 天）的平均相对湿度（%），T_{f5} 为开花后 5 天平均气温（℃）。

李剑萍等发现枸杞果实形成期（采摘前 35 天）的降水量及采摘前 10 天相对湿度对坏果率影响较大：

$$RR = -29.83 + 0.13R_{35} + 0.491U_{10} \quad (R^2 = 0.639, n = 28) \quad (6.7)$$

式中，RR 为枸杞坏果率（%），R_{35} 为枸杞果实形成期（采摘前 35 天）的降水量（mm），U_{10} 为枸杞采摘前 10 天平均相对湿度（%）。

枸杞色泽是衡量果品优劣的直观指标。根据 2013 年采集样品的室内分析，将枸杞色泽分为鲜红、枣红、紫红、微暗红和暗红偏黑 5 个档次，发现枸杞色泽与枸杞混等果的坏果率呈线性相关：

$$Col = 5.1496 - 0.1584RR \quad (R^2 = 0.8573, n = 22) \quad (6.8)$$

式中，Col 为混等果色泽分级值，RR 为测定的坏果率（%），通过了信度 0.001 的 R 检验，表明坏果越多，色泽越深。

6.2.2　宁杞 1 号品质与气象条件的定量关系模型的校验

对 2013 年枸杞采集样品进行外观品质的测定和药用品质的化验。同时用枸杞百粒重、枸杞多糖、枸杞药用氨基酸等各项单品质因子气象关系定量模型推算 2013 年各批次样品的气候品质，与实际化验结果进行比较，验证各项品质指标的精度与误差，确定可利用的品质指标方程（表 6.2）。

表 6.2　枸杞各品质因子气象关系模型校验相对误差表（%）

样本序号	蛋白质	总糖	多糖	灰分	百粒重	百粒纵径	坏果率
1	8.5	2.55	−1.47	−10.7	4.52	3.43	5.7
2	12	−0.33	−9.14	0	−0.64	2.84	−0.2
3	7	14.89	3.6	1.4	−2.12	−5.31	−1
4	17.2	−10.65	−5.91	0.5	−2.91	2.1	15.2
5	12.4	−8.3	8.41	7.6	3.45	6.81	8.9
6	2.1	−3.15	4.86	8.7	0.17	8.89	11.2
7	18.3	−11.39	−7.41	6.7	0.39	1.07	4.9
8	12.8	−6.34	−5.91	8.3	3.1	4.52	5.4
平均	11.3	−2.8	−1.62	2.82	0.74	3.04	6.3

从枸杞蛋白质验证结果来看，平均相对误差为 11.3%，至多影响蛋白质半个品级的判定，模型可用。模拟值存在系统偏大现象，可能是与土壤水解

氮测值偏大有关,如在每次采样时实地多测几组数据,可能效果会更好。从枸杞总糖的模拟检验结果来看,枸杞总糖的平均误差为－2.8 个百分点。枸杞多糖是药用品质的标志,从验证结果来看,枸杞多糖的模拟误差很小,平均相对误差为－1.62%,说明枸杞多糖气象模型精度较高,用于评价枸杞药用品质效果较好。枸杞灰分的平均相对误差为 2.82%,效果较好。枸杞百粒重可表示枸杞混等果的平均大小,验证结果表明,枸杞百粒重最大相对误差为 4.52%,枸杞百粒重气象模型精度较高,用于评价枸杞外观品级极可靠。百粒纵径反映了宁夏枸杞果形因素的道地性,最大相对误差为 8.89%,评价枸杞外观品级较可靠。坏果率反映了枸杞的色泽和色调匀度,也是反映枸杞外观品级的指标之一。检验表明,枸杞混等果的平均坏果率模拟值为 7.4%,实测值为 1.2%,虽然有一定差距,但占整个干果样品的比例均在 10% 以内。检验效果尚可接受,可用于评价枸杞外观品级。

6.2.3　宁杞 1 号品质综合评价等级的确定

根据宁夏气象部门前期枸杞气象研究中在全国枸杞产区采集的上百份枸杞样品的化验结果,按照等距法将枸杞药用成分中的蛋白质、总糖、多糖、灰分的等级分别划分为特优、优、良、中、差 5 个级别,结合 GB/T 18672—2002 的规定,将枸杞混等果外观品质指标中的枸杞百粒重、百粒纵径、坏果率和色泽也分别划分为特优、优、良、中、差 5 个级别,建立各单项品质因子的等级指标表(表 6.3)。

表 6.3　各单项品质因子的等级判别指标

单项品质因子　　级别	5(特优)	4(优)	3(良)	2(中)	1(差)
蛋白质(%)	≥11.0	10.0~10.9	9.0~9.9	8.0~8.9	<8
枸杞总糖(%)	≥55	45~54.9	35~44.9	25~34.9	<25
枸杞多糖(%)	≥3.0	2.8~2.99	2.7~2.89	2.6~2.79	<2.6
灰分(%)	≤1.3	1.31~1.4	1.41~1.5	1.51~1.6	>1.6
百粒重(g/100 g)	≥17.8	13.5~17.7	8.6~13.4	5.6~8.6	<5.6
百粒纵径(cm)	≥140	130~139.9	120~129.9	110~119.9	<110
坏果率(%)	≤2.5	2.51~5.0	5.01~7.5	7.51~10.0	>10.0
色泽	鲜红	枣红色	紫红	微暗红	暗红

利用张晓煜等《枸杞品质综合评价体系构建》获得的百粒重、枸杞多糖、枸杞药用氨基酸等8种单品质因子对枸杞综合品质影响的权重系数,可构建出气候品质综合评价模型,模型中的权重系数由张晓煜给出,他们分别为:总糖0.06,多糖0.4,蛋白质0.12,灰分0.02,百粒重0.17,坏果率0.17,百粒纵径0.03,色泽0.04。构建的综合品质模型见公式(6.9)。

$$P = 0.12CPr_{lv} + 0.06CS_{lv} + 0.4CPo_{lv} - 0.02\,CMA_{lv} + 0.17WH_{lv} + 0.02LH_{lv} + 0.17RR_{lv} + 0.04CL_{lv}$$

$$\tag{6.9}$$

式中,P 为枸杞综合气候品质等级,CPr_{lv} 为蛋白质单项因子品级、CS_{lv} 为总糖单项因子品级,以此类推,CPo_{lv}、CMA_{lv}、WH_{lv}、LH_{lv}、RR_{lv}、CL_{lv} 分别为多糖、灰分、百粒重、百粒纵径、坏果率、色泽的单项因子品级。

按照(6.9)式给出的计算模型,计算出的枸杞综合品质是一个1~5之间的无量纲数字,按照 GB/T 18672—2002,结合专家意见,得出枸杞气候品质综合指标,如表6.4所示。

表6.4 枸杞气候品质综合等级判别指标

综合气候品质 \ 级别	5(特优)	4(优)	3(良)	2(中)	1(差)
P	≥4.2	3.2~4.1	2.2~3.1	1.2~2.1	<1.2

6.3 枸杞气候品质评价技术规范

6.3.1 宁夏土壤养分分布状况查询

根据前期的研究,枸杞蛋白质含量与土壤水解氮关系密切,总糖除了与气象条件关系密切外,还与土壤 pH 值、土壤有机质含量、土壤水解氮、土壤速效钾等有关。枸杞灰分含量与土壤全钾及果实形成期气象条件有关。根据土壤养分含量较为稳定的特性,依据《宁夏土种志》(见表6.5)和 GIS 技术,我们绘制了宁夏土壤类型分布图(图6.1)。用于直接得到土壤养分数据,便于带入公式(6.1)—(6.4)中,从而推算出枸杞蛋白质、总糖、多糖和灰分值。

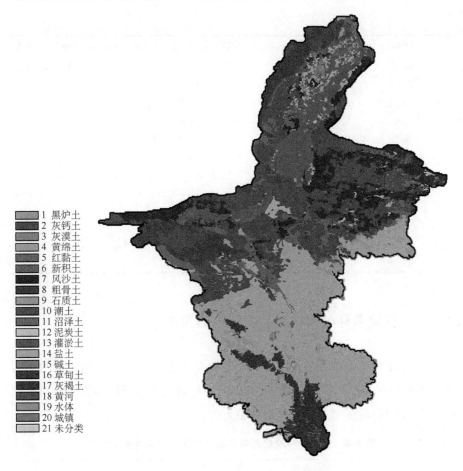

图 6.1　宁夏土壤类型分布图(附彩图)

表 6.5　不同土壤类型化学成分一览表

代码	土壤 类型	有机质 (%)	全氮 (%)	全磷 (%)	全钾 (%)	水解氮 (ppm)	速效磷 (ppm)	速效钾 (ppm)	全盐 (%)	pH 值
1	黑垆土	1.39	0.09	0.07	1.75	47.80	2.50	142.40	0.04	7.80
2	灰钙土	1.34	0.08	0.08	2.54	44.80	4.80	147.50	0.04	8.30
3	灰漠土	0.62	0.04	0.06	1.58	27.60	3.80	167.00	0.03	8.60
4	黄绵土	0.77	0.06	0.05	1.98	35.00	6.00	118.00	0.03	8.50
5	红黏土	1.81	0.08	0.04	1.90	80.00	5.00	138.80	0.04	7.60
6	新积土	0.63	0.04	0.04	1.95	25.90	3.90	120.00	0.03	8.86
7	风沙土	0.23	0.00	0.01	1.54	12.10	5.50	203.00	0.03	8.56
8	粗骨土	6.35	0.00	0.01	0.70	95.30	3.30	80.00	0.03	8.10
9	石质土	0.00	0.00	0.01	0.50	15.00	1.10	30.00	0.02	7.90
10	潮土	0.72	0.04	0.06	1.62	24.30	4.10	137.50	0.15	8.50

续表

代码	土壤类型	有机质（%）	全氮（%）	全磷（%）	全钾（%）	水解氮（ppm）	速效磷（ppm）	速效钾（ppm）	全盐（%）	pH值
11	沼泽土	1.73	0.09	0.06	1.69	74.20	8.10	174.30	0.28	8.40
12	泥炭土	10.69	0.53	0.07	1.72	258.20	5.20	180.00	0.43	8.10
13	盐土	0.73	0.03	0.06	0.89	35.00	8.30	209.00	24.39	7.40
14	碱土	0.49	0.04	0.07	1.57	15.30	6.90	140.50	0.18	9.33
15	灌淤土	1.03	0.06	0.07	2.30	49.30	10.10	191.00	0.07	7.90
16	灰褐土	12.02	0.53	0.08	1.72	404.00	15.00	425.00	0.04	7.60
17	草甸土	1.19	0.08	0.07	2.20	63.00	6.00	137.00	0.04	8.20
18	黄河	—	—	—	—	—	—	—	—	—
19	水体	—	—	—	—	—	—	—	—	—
20	城镇	—	—	—	—	—	—	—	—	—
21	未分类	—	—	—	—	—	—	—	—	—

6.3.2 气象条件与枸杞单品质因子的关系

宁杞 1 号各项单项品质因子气象条件关系模型如表 6.6 所示。按照表 6.6 给出的单项品质因子模型，可推算出枸杞蛋白质、总糖、多糖、灰分、百粒重、百粒纵径、坏果率和色泽的具体值。

表 6.6　宁杞 1 号枸杞各单项品质因子气象条件关系模型

品质	关系模型	备注
蛋白质（%） CPr	$CPr = 3.98\ln(1.2059 \times N_a)$	CPr 是蛋白质含量，Na 是土壤水解氮含量（ppm）。
总糖（%） CS	$CS = -231.998 - 0.167x_1 + 0.0518x_2 + 2.136x_3 - 26.465x_4 + 1.328x_5 + 0.118x_6 + 0.05265x_7$	CS 为枸杞总糖含量。x_1 为果实形成期降水量（mm），x_2 为枸杞开花—果实成熟期日照时数（h），x_3 为果实形成期平均最低气温（℃），x_4 为土壤 pH 值，x_5 为土壤有机质含量（g/kg），x_6 为土壤水解氮含量（g/kg），x_7 为土壤速效钾含量（g/kg）。
多糖（%） CPo	$CPo = 4.8255e^{-0.9925p_t} + 0.205n - 0.0056n^2 - 1.58$	CPo 为枸杞多糖含量，P_t 为土壤全磷含量（g/kg），n 为枸杞开花至果熟期间的降水日数（d）。
灰分（%） CMA	$CMA = -0.830 - 1.60K_t + 6.359 \times 10^{-2} P_n + 3.856 \times 10^{-2} U_d + 0.191D_d$	CMA 为枸杞灰分含量。K_t 为土壤全钾（g/kg），P_n 为枸杞开花到成熟期降水日数（d），U_d 为果实形成期平均相对湿度（%），D_d 为枸杞果实形成期气温日较差（℃）。

续表

品质	关系模型	备注
百粒重(g) WH	$WH = 41.26 - 0.26T_{40}$ $-0.35U_{35}$	WH 为枸杞百粒重，T_{40} 为采摘前 40 天平均气温(℃)，U_{35} 为采摘前 35 天平均相对湿度(%)。
百粒纵径(cm) LH	$LH = 238.15 - 0.15R_{40} -$ $1.15U_{40} - 1.83T_{f5}$	LH 为枸杞百粒纵径，R_{40} 为枸杞落花后到成熟期(35～40 天)的降水量(mm)，U_{40} 为枸杞落花后到成熟期(35～40 天)的平均相对湿度(%)，T_{f5} 为开花后 5 天平均气温(℃)。
坏果率(%) RR	$RR = -29.83 + 0.13R_{35}$ $+0.491U_{10}$	RR 为枸杞坏果率，R_{35} 为枸杞果实形成期(采摘前 35 天)的降水量(mm)，U_{10} 为枸杞采摘前 10 天平均相对湿度(%)。
色泽 CL	$Col = 5.1496 - 0.1584RR$	Col 为混等果色泽分级值，RR 为测定的坏果率(%)。

6.3.3　枸杞单品质因子品级判断指标

各单项品质因子的等级判别指标如表 6.7 所示。各单项因子的等级指标划分为 5 个级别，分别是 5 级(特优)、4 级(优)、3 级(良)、2 级(中)、1 级(差)。级别越大表明品质越高。

表 6.7　各单项品质因子的等级判别指标

级别 单项品质因子	5(特优)	4(优)	3(良)	2(中)	1(差)
蛋白质(%)	≥11.0	10.0～10.9	9.0～9.9	8.0～8.9	<8
枸杞总糖(%)	≥55	45～54.9	35～44.9	25～34.9	<25
枸杞多糖(%)	≥3.0	2.8～2.99	2.7～2.89	2.6～2.79	<2.6
灰分(%)	≤1.3	1.31～1.4	1.41～1.5	1.51～1.6	>1.6
百粒重(g/100 g)	≥17.8	13.5～17.7	8.6～13.4	5.6～8.6	<5.6
百粒纵径(cm)	≥140	130～139.9	120～129.9	110～119.9	<110
坏果率(%)	≤2.5	2.51～5.0	5.01～7.5	7.51～10.0	>10.0
色泽	鲜红	枣红色	紫红	微暗红	暗红

6.3.4 宁杞1号气候品质的综合评价

综合品质模型公式如下：

$$P=0.12CPr_{tv}+0.06CS_{tv}+0.4CPo_{tv}+0.02CMA_{tv}+0.17WH_{tv}+$$
$$0.02LH_{tv}+0.17RR_{tv}+0.04CL_{tv}$$

(6.10)

式中，P 为宁杞1号综合品质级别。CPr_{tv}、CS_{tv}、CPo_{tv}、；CMA_{tv} 分别为宁杞1号蛋白质、总糖、多糖、灰分含量的品质级别。WH_{tv}、LH_{tv}、RR_{tv} 和 CL_{tv} 分别为宁杞1号的百粒重、百粒纵径、坏果率和色泽的品质级别。

宁杞1号气候品质综合等级判别指标如表6.8所示。

表6.8　宁杞1号气候品质综合等级判别指标

级别 综合气候品质	5（特优）	4（优）	3（良）	2（中）	1（差）
P	≥4.2	3.2～4.1	2.2～3.1	1.2～2.1	＜1.2

6.4　宁夏各地宁杞1号不同品级的气候概率

为了解宁夏各地宁杞1号不同品级的气候概率，利用《宁夏土种志》中的土壤养分资料和各地1961—2012年逐日气象资料，计算了惠农、银川、中宁、兴仁和固原逐年6月上、中、下旬3个批次的老眼枝果和7月上、中、下和8月上旬4个批次的夏果，9月下旬、10月上、中、下旬4个批次的秋果共计2860个批次的气候品级（表6.9、表6.10）。

表6.9　宁夏宁杞1号不同果实类型气候品级出现概率（1961—2012年）

类型	样本数	各等级样本数（批）					各等级比例（%）				
		5级	4级	3级	2级	1级	5级	4级	3级	2级	1级
老眼枝果	780	428	320	32	0	0	55	41	4	0	0
夏果	1040	310	667	63	0	0	30	64	6	0	0
秋果	1040	281	646	113	0	0	27	62	11	0	0
合计	2860	1019	1633	208	0	0	36	57	7	0	0

表 6.10 宁夏不同地区宁杞 1 号气候品级出现概率(1961—2012 年)

地区	批次数	各等级批次数					各等级比例(%)				
		5 级	4 级	3 级	2 级	1 级	5 级	4 级	3 级	2 级	1 级
惠农	572	262	282	28	0	0	45.8	49.3	4.9	0	0
银川	572	178	363	31	0	0	31.1	63.5	5.4	0	0
中宁	572	257	298	17	0	0	45	52	3	0	0
兴仁	572	247	298	27	0	0	43	52	5	0	0
固原	572	75	392	105	0	0	13	69	18	0	0

由表 6.9 可以看出,宁夏枸杞品级以老眼枝果最优,5 级占 55% 以上,这主要是由于 6 月份降水偏少,气温适宜,果粒大黑果病少的缘故。宁夏枸杞夏果是产量组成的重要部分,其品级 4 级占的比重较大,但也有相当部分是 5 级,由于气候差异,年际间差距很大,好的气候年景,其品质和老眼枝相差不大。秋果的 4 级品质比例和夏果差不多,但 5 级的比例要比老眼枝低很多。总体来讲,宁杞 1 号枸杞的品质较高,其中 4 级果所占比例最高为 57%,其次为 5 级果为 36%,3 级果所占比例较小为 7%,1～2 级果几乎没有。

从地域来分析,5 级果占比例最高的地区是惠农、中宁,特优比例达到 45% 以上,5 级果占比例较小地区是固原、银川,分别占 13% 和 31.1%,4 级果占比例最多的是银川和固原,分别占 63.5% 和 69%。各地品质按级别大小(5 级为特优、4 级为优、3 级为良、2 级为中、1 级为差)综合排序为:中宁、惠农、兴仁、银川、固原。

6.5 气候变化对枸杞品质的影响

随着气候变化,枸杞生长的气候条件出现了较大变化,到底对宁夏枸杞品质有哪些影响,会不会出现影响产业稳定发展的气候波动,是生产和决策部门十分关注的问题。为此,根据中宁县 1961—2015 年气候资料,反演了宁杞 1 号历年老眼枝果、夏果和秋果的表征枸杞药用品质和外观品质的 8 个品质要素的气候等级指标,分别分析了 8 项品质要素和综合气候品质 55 年来的变化。

从 55 年气象资料模拟的枸杞总糖含量看,总糖随着气候变化而升高(图 6.2),枸杞的甜度增加。其中,老眼枝、夏果和秋果总糖含量每 10 年分别增加 1.3、1.1 和 0.9 个百分点,气候变化对老眼枝、夏果总糖含量的影响大于秋果,即越早成熟的枸杞对气候变化的响应越大。

宁夏枸杞开花至成熟一般有 4～16 个雨日,夏果生长期间遇到降雨天气的情况比秋果少。随着气候变化,老眼枝和夏果多糖含量基本不变,秋果多糖含量有所减少,影响其药用品质(图 6.3)。夏秋果多糖含量平均每 10 年下降不到 0.03 个百分点,幅度不大。

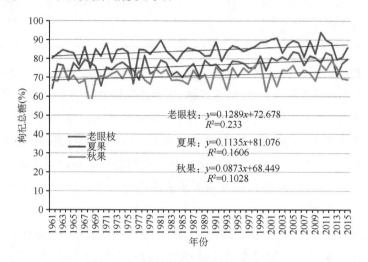

老眼枝:$y=0.1289x+72.678$
$R^2=0.233$

夏果:$y=0.1135x+81.076$
$R^2=0.1606$

秋果:$y=0.0873x+68.449$
$R^2=0.1028$

图 6.2　枸杞总糖含量年变化(附彩图)

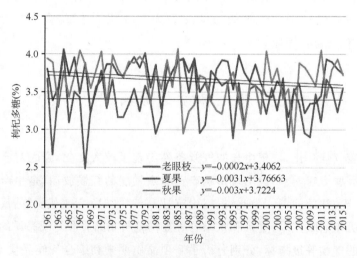

老眼枝　$y=-0.0002x+3.4062$
夏果　$y=-0.0031x+3.76663$
秋果　$y=-0.003x+3.7224$

图 6.3　枸杞多糖含量年变化(附彩图)

随着气候变化,枸杞灰分含量降低(图 6.4)。平均每 10 年老眼枝、夏果灰分含量下降 0.09 个百分点,秋果下降 0.07 个百分点,分别占灰分总量的 9％和 7％,枸杞杂质含量减少明显。

　　随着气候变化,宁夏枸杞粒重呈明显增加趋势(图 6.5),老眼枝果平均每 10 年增加 0.5 g/100 粒,近 30 年来增重更明显;夏果平均每 10 年增重 0.3 g/100 粒,秋果增重 0.4 g/100 粒。

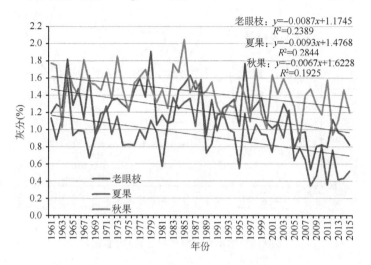

图 6.4　枸杞灰分含量年变化(附彩图)

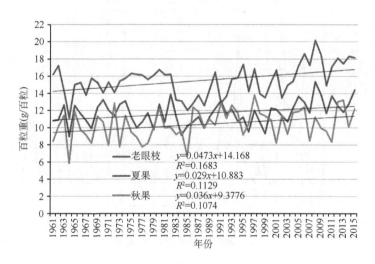

图 6.5　枸杞百粒重年变化(附彩图)

　　枸杞果实长度老眼枝最长,夏果其次,秋果最短。随着气候变化,枸杞果实变长,果粒变大。老眼枝百粒纵径每 10 年平均增加 1.2 cm/100 粒,秋果增加 1.0 cm/100 粒,夏果百粒纵径增加最少,为 0.2 cm/100 粒(见图 6.6)。

　　宁夏枸杞坏果率秋果最高,夏果其次,老眼枝果最低。气候变化背景下,枸杞坏果率逐渐下降,品质提升。其中,秋果坏果率下降最明显,平均每

10 年减少 0.6 个百分点,夏果减少 0.36 个百分点,老眼枝果坏果率本来就很低,仍能每 10 年下降 0.06 个百分点(图 6.7)。

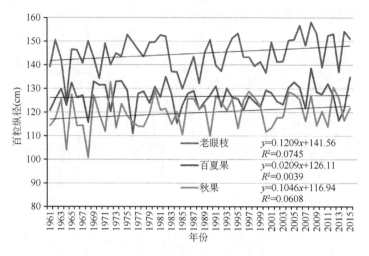

图 6.6　枸杞百粒纵径年变化(附彩图)

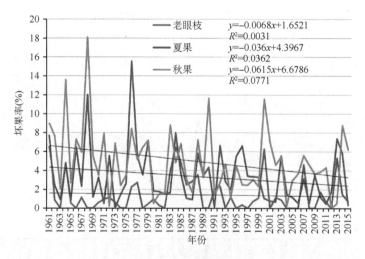

图 6.7　枸杞坏果率年变化(附彩图)

按照综合气候品质加权模型,反演了 1961—2015 年宁杞 1 号枸杞不同采果期的综合气候品质,见图 6.8。随着气候变化,老眼枝和夏果气候品质等级提高显著,平均每 10 年分别提高 0.05 和 0.03 级,秋果气候品质等级提高很小,仅 0.01 级/10 年。

总体来看,气候变化有利于宁夏枸杞品质的提高,特别是老眼枝果、夏果综合气候品质提高较快,这为发展高优枸杞产业提供了气候依据。

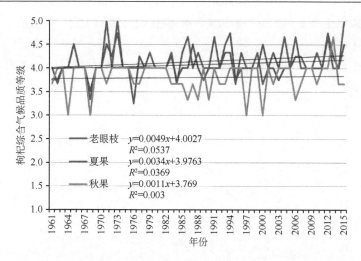

图 6.8　气候变化对枸杞综合气候品质的影响（附彩图）

参考文献

雷建刚,刘敦华,郭进,2013.不同产地枸杞干果品质的差异性研究[J].现代食品科技,**29**
　　(3):494-498.

李剑萍,张学艺,刘静,2003.枸杞外观品质与气象条件的关系[J].气象,**30**(4):51-54.

刘静,张宗山,张立荣,等,2008.银川枸杞炭疽病发生的气象指标研究[J].应用气象学
　　报,**19**(3):333-341.

曲玲,焦恩宁,张宗山,2011.枸杞炭疽病研究进展[J].北方园艺,(20):195-199.

徐青,郑国琦,2009.不同灌溉方式对宁夏枸杞果实主要品质的影响[J].江苏农业科学,
　　(6):256-258.

张磊,郑国琦,滕迎凤,等,2012.土壤因子对宁夏枸杞地理分布的影响[J].北方园艺,
　　(11):187-190.

张晓煜,刘静,王连喜,2004.枸杞品质综合评价体系构建[J].中国农业科学,**37**(3):
　　416-421.

张晓煜,刘静,袁海燕,等,2004.不同地域环境对枸杞蛋白质和药用氨基酸含量的影响
　　[J].干旱地区农业研究,**22**(3):100-104.

张晓煜,刘静,袁海燕,2005.枸杞总糖含量与环境因子的量化关系研究[J].中国生态农
　　业学报,**13**(3):101-103.

张晓煜,刘静,袁海燕,2004.土壤和气象条件对宁夏枸杞灰分含量的影响[J].生态学杂
　　志,**23**(3):39-43.

张晓煜,刘静,袁海燕,等,2003.枸杞多糖与土壤养分、气象条件的量化关系研究[J].干
　　旱地区农业研究,**21**(3):43-47.

张自萍,郭荣,史晓文,等,2007.不同采摘期枸杞品质变化研究[J].西北农业学报,16
　　(4):126-130.

郑国琦,胡正海,2008.宁夏枸杞的生物学和化学成分的研究进展[J].中草药,39(5):
　　796-800.

第 7 章　枸杞气候适宜性区划

7.1　枸杞区划气象指标

7.1.1　影响枸杞产量的气象指标

　　经过对历年枸杞产量与气象因子的模拟,发现枸杞全生育期热量指标用≥10℃的界限温度来衡量效果最优,枸杞全生育期最优≥10℃积温为3450 ℃・d,≥10℃积温在 3200～3600 ℃・d 范围内,枸杞一般能获得正常产量,热量不是枸杞限制因子,且随着积温的增加,秋果收获量也增多,带动了全年产量的提高;≥10℃积温在 3200 ℃・d 以下时,热量不足引起枸杞减产,枸杞由收夏秋两季果向只能收夏果过渡;≥10℃积温在 2900 ℃・d 以下时,降水量往往达到 400 mm 以上,热量和水分条件一般不适宜发展枸杞;枸杞全生育期降水量在灌溉条件下,如果降水量在 100～170 mm 以内,气象产量不受降水量的影响,如果降水出现在枸杞夏果成熟始期前(6 月下旬),对产量还有促进作用;降水量小于 100 mm,对枸杞产量有不利影响;当降水量达到 200 mm 以上,特别是夏果采摘期间,虽然生理上提高了产量,但果实吸水膨胀,裂口,黑果病严重,丰产不丰收;枸杞全生育期最适日照时数为 1640 h,在 1500～1800 h 内,日照不是限制枸杞产量的因素,低于 1500 h 时,全生育期日数短,积温少,使枸杞减产;高于 1800 h 时,与高温相伴,加速了夏果发育,延长了夏眠期,产量也会有所下降。

　　枸杞在 6 月下旬处于老眼枝果成熟期和新梢幼果期,高温、晴天、日照强烈和大的风速对枸杞产量有明显的负影响,而适当的降水、相对较高的湿度反而有助于枸杞产量的提高,表明枸杞受干热风天气的不利影响。因此我们构造了枸杞干热风评判因子,是枸杞幼果期累计降水量与累计日照时数的百分比。

7.1.2 影响枸杞外观品质的气象指标

枸杞外观品质决定了商品的价格,一般可以从枸杞果重量、长度、围度、黑果率等指标反映出来,这四个因子表示枸杞外观品质,基本上涵盖了外观品质的各要素。通过相关普查发现,枸杞外观品质中坏果率极易受气象条件影响,百粒重受气象条件影响也较大,而百粒纵径、百粒横径受气象条件影响较小。

影响坏果率的主要气象条件为采摘前 35～40 天降水量和采摘前 10 天相对湿度,主要是因为湿度大是枸杞炭疽病菌萌发的条件,而降水则是枸杞炭疽病菌传播的条件。坏果率随落花后到成熟期的降水量增加而线性增加。小于 5 mm 的降水量不会造成坏果,降水量每增加 10 mm,坏果率增加 3.2%;坏果率与果实成熟前 10 d 的平均相对湿度正相关显著,相对湿度在 45% 以下,不会产生坏果,当相对湿度大于 45% 时,每增大 10%,坏果率增大 2.3%。

枸杞百粒重决定了果粒的大小和果实的商业等级。枸杞百粒重随采摘前 35 天或 30 天平均相对湿度增大而减小,当相对湿度增大到 80% 左右,百粒重基本不再减少。相对湿度反映了降水量和日照时数的变化,因降水变率大,相对湿度相对稳定,更能反映上述因子对枸杞粒重的影响。枸杞是喜光作物,光饱和点比较高。相对湿度的增加与降水量的增多和日照减少相联系,直接减少了枸杞的光合产物,果重下降。枸杞果实形成期平均相对湿度每增加 10%,百粒重降低 2.5 g/百粒。

平均气温 18～20℃ 时百粒重达最大,是枸杞果实形成的最适宜温度。气温过高,容易引起枝条徒长,消耗养分过多,落花落果增加;同时营养生长和生殖生长时间缩短,果实变小,缩短了干物质积累时间,粒重降低;气温过低则营养生长和生殖生长受抑制,干物质积累不足,粒重也低。

百粒纵径随枸杞开花到成熟降水量、湿度的增大而缩短。降水量每增加 10 mm,百粒纵径缩短 8.3 cm。相对湿度每升高 10%,百粒纵径缩短 14 cm。这种关系实际上反映了温度与日照的关系。开花后 5 天的平均气温与百粒纵径呈二次曲线关系,最适宜温度为 18～22℃,此时段为枸杞果实形成期,子房迅速膨大,体积增大较快,这一时期温度过低,抑制枸杞的各种生理过程,果实子房库容增长慢,限制了纵径。当平均气温超过 22℃,则白天气温一般超过 28℃,根据枸杞光合速率与气温的关系,光合合成干物质减少,从而使果实体积增长速度下降,使果实粒长减小;另外,根据宁夏气候特点,气温偏高往往出现在果实成熟盛期,此时全株挂果量大,个体营养不及前期,因而果实较小;气温高缩短了果实生长时间,也是温度高果实变小的主要原因。

百粒横径与开花后 5 d 的平均气温也存在同样的关系,经模拟,最适宜温度仍然为 19～23℃,说明影响枸杞果型因素相同,都与开花期气温有关,也反过来说明枸杞开花期怕高温,19～23℃ 最适宜枸杞开花,形成的果实大,气温过高、过低都不好,也会使果实变小。

7.1.3　影响枸杞药用品质气象指标

枸杞多糖是衡量枸杞药用品质的最主要药理成分,多糖的形成与枸杞果成熟时土壤中全磷和速效磷的关系密切,全磷含量是影响枸杞多糖含量的最主要的因子,其次为枸杞开花至果熟期的降水日数和平均日较差,而与全氮、速效氮、全钾、速效钾、有机质含量和 pH 值的关系不明显。枸杞多糖与开花到果熟期的降水日数有很大关系,当降水日数<18.4 d 时,枸杞多糖含量随降水日数的增加单调递增,但当降水日数超过 18.4 d 后,多糖含量逐渐下降,开花至成熟期间降水日数最适为 18.4 d,过多或过少都不利;枸杞多糖还与果成熟期前 30 d 气温日较差有关,当这时的平均气温日较差>13.6℃时,枸杞多糖含量随气温日较差的增大而增大,果熟期气温日较差大利于枸杞多糖的形成。另外枸杞成熟前一个月平均相对湿度与枸杞多糖有正相关关系,其他时期的温度、极端温度、降水量等与枸杞多糖含量关系不明显;枸杞多糖含量受土壤中磷的消耗、气象因子的共同影响,但土壤因子的影响要大于气象因子的影响。

枸杞总糖含量占枸杞籽重量的 40%～70%,对品质和口感有重要影响,过高口感好,食用品质好,但药用成分下降,果实容易发黏,不易贮藏。总糖过低,则口感苦,略带酸味,食用品质欠佳。优质枸杞宁杞 1 号中的总糖适中,口感甜中微苦。

枸杞总糖由土壤因子和气象因子共同决定。影响枸杞总糖的因子由大到小依次为枸杞开花到果实成熟期日照时数、土壤 pH 值、果实形成期降水量、果实形成期平均最低气温、土壤有机质、土壤水解氮含量、土壤速效钾含量。气象因子的影响大于土壤因子的影响。果实形成期的日照时数、最低气温、土壤水解氮、土壤速效钾含量和有机质含量对枸杞总糖积累有正贡献,表明枸杞总糖形成需要晴天,高温度和肥沃的土壤。果实形成期降水量和土壤 pH 值对枸杞总糖积累有负贡献,说明土壤的酸碱度对枸杞总糖的积累有一定影响,土壤碱性太强,影响枸杞正常生理和代谢,最终影响了总糖的积累。果实形成期降水量对总糖也有负面影响。

　　自然界中氨基酸有 20 多种,其中谷氨酸(Glu)、天门冬氨酸(Asp)、亮氨酸(Leu)、赖氨酸(Lys)、精氨酸(Arg)、甘氨酸(Gly)、苯丙氨酸(The)、酪氨酸(Tyr)、蛋氨酸(Met)等 9 种氨基酸人体不能合成,但又是维持机体氮平衡所必需的,称为药用氨基酸。枸杞籽常用的 18 种氨基酸含量都比较丰富,其中药用氨基酸占氨基酸总含量的 60% 左右。

　　气象因子对枸杞蛋白质和氨基酸含量的关系不明显,但遮光实验结果表明,枸杞蛋白质含量随光强的减弱,蛋白质含量在增加。枸杞灰分是碳氢化合物等有机物质以外所残留下来的物质,主要包括矿物元素和微量元素,对枸杞药用品质有负贡献。影响枸杞灰分的环境因子有果实形成期平均相对湿度、气温日较差和开花到成熟期降水日数、土壤全钾含量等因素。其中果实形成期相对湿度是影响枸杞灰分的最主要因子,灰分随相对湿度的增大呈指数型增加。

7.1.4　综合指标

　　上述诸多枸杞气象因子指标与枸杞光合、蒸腾、气孔导度与气象因子研究所得到的一系列关系和指标相吻合,反映了枸杞对环境的响应。纵观以上指标,发现枸杞产量、外观品质和药用品质主要与当地气温、降水量和日照时数有关,相对湿度实际上反映了降水特征。综合这些指标,我们提出了能较好反映枸杞产量与品质的全国适宜性区划指标见表 7.1。日平均气温 ≥10℃ 期间活动积温代表枸杞全年可利用热量资源;日平均气温 ≥10℃ 期间日数,代表枸杞可利用生长季;日平均气温 ≥10℃ 期间累计降水量,代表枸杞全生育期降水总量,是表征枸杞品质的气象因子;各地枸杞幼果期累计降水量与累计日照时数的百分比,代表枸杞关键生育期受干热风、雨水过多或果实退化等致灾因素的影响程度。

表 7.1　枸杞适宜性区划指标及其意义

指标序	≥10℃期间累积温(℃·d)		≥10℃期间累积日数(d)		≥10℃期间降水量(mm)		幼果期降水量与日照时数百分比(%)	
	因子范围	因子代表的意义	因子范围	因子代表的意义	因子范围	因子代表的意义	因子范围	因子代表的意义
1	<2900	产量低，基本不能栽培，夏果不能完全成熟能保证	130~150	产量差，夏果迟，品质差，夏果不能完全成熟	<100	因大气干旱，总糖高，但药用品质差，但口感好	<5.0	发生强干热风，发生频率高，花蕾受精不良，减产，成熟快，果实小，但油品质较优，油果多
2	2900~3100	产量较低，勉强能栽培，夏果能成熟	150~170	产量差，夏果偏迟，品质差，夏果能成熟	100~240	品质好，总糖适中，多糖高，药用成分高	5.0~7.5	发生干热风，发生频率较高，成熟快，果实偏小，产量偏低，品质较优，但油果偏多
3	3100~3300	产量一般，能栽培夏果好，但秋果产量不稳	150~170	产量一般，秋果品质差，夏果好，但秋果产量稳定	240~380	品质一般，总糖偏低，多糖偏低，黑果率较高	7.5~12.5	偶发干热风，产量正常，果实正常，品质优，油果较少
4	3300~3600	产量较高，适宜区域夏果70%，秋果30%	170~190	产量较高，品质好夏果产量高，秋果占30%	380~520	果实偏小，品质差，总糖，多糖偏高，黑果率高，不法商贩多用硫黄薰蒸	12.5~15.0	基本无干热风，鲜果产量较高，黑果病较多，品质较差
5	3600~3900	产量高，稳定，品质较好，夏秋果产量对半	190~210	产量高，夏眠期较长夏秋果产量对半	>520	果实小，品质差，总糖，多糖低，果味酸，黑果率高，不法商贩多用硫黄薰蒸	>15.0	降水过多，日照病很多，黑果病很多，色泽发黄极多，味苦，多用硫黄薰蒸
6	>3900	产量一般，品质一般，药用品质差，夏果产量低于秋果	>230	产量高，夏眠期长夏果产量低于秋果				

7.2　无资料地区的网格推算

为了进行区划,将资料推算至面上是必不可少的步骤。某地气温可表示为海拔高度 h、地理纬度 Φ、小地形因素 α 和局地下垫面状况 ξ 的函数,设基准站的平均气温、海拔、纬度和坡度分别为 T_b、h_b、Φ_b、α_b,则纬度为 i,经度为 j 网格点上同期的温度 T_{ij} 可表示为:

$$T_{ij} = T_b + \frac{\Delta T}{\Delta h}(h_{ij} - h_b) + \frac{\Delta T}{\Delta \Phi}(\Phi_{ij} - \Phi_b) + \frac{\Delta T}{\Delta a}(a_{ij} - a_b) + \xi \quad (7.1)$$

式中,$\dfrac{\Delta T}{\Delta h}$ 为气温垂直递减率(℃/100 m),$\dfrac{\Delta T}{\Delta \Phi}$ 为纬度递减率(℃/10′),$\dfrac{\Delta T}{\Delta a}$ 为南北坡温差系数(℃/10°),ξ 与局地下垫面状况有关,如下垫面土壤湿度、地表植被状况等。$\dfrac{\Delta T}{\Delta h}$ 可根据纬度、坡度相同、海拔差异较大的气象站点资料求算,也可用不同海拔高度小气候考察资料求算。$\dfrac{\Delta T}{\Delta \Phi}$ 可选择坡度、坡向、下垫面状况大致相同的台站资料,经海拔订正后求出;$\dfrac{\Delta T}{\Delta a}$ 可选择不同坡度、坡向站点资料经海拔订正、纬度订正后求算。一般 ξ 可忽略。

为消除山地坡度过大所造成的订正畸变,必须进行太阳高度角订正。设某网格点坡度为 α,在冬半年,太阳高度角较低,因而当 α 增加很大时,太阳高度角均小于水平面与坡地法线间的夹角,但在夏半年,如太阳高度角大于坡地法线与水平面间的夹角,则随着太阳高度角增大,气温订正值按相反方向减少。

理论上位于纬度 Φ 处正午太阳高度角 h_θ 为:

$$h_\theta = \frac{\pi}{2} + \delta - \Phi \qquad\qquad (7.2)$$

式中,h_θ 为正午太阳高度角,δ 为太阳赤纬,Φ 为地理纬度,其天顶角为 $z = \Phi - \delta$。设不同网格点上坡度为 α_{ij}(i 为纬度,j 为经度),则 k 时刻太阳入射方向与坡面法线夹角为:

$$z_k = \Phi - \delta_k - a_{ij} \quad (k = 1,2,\cdots,36) \qquad (7.3)$$

式中,z_k 为太阳入射方向与坡面法线的夹角。当 $z_k \geqslant 0$ 时,坡面上的辐射随太阳高度角的增大而增加,当 $z_k < 0$ 时,即太阳入射方向落到坡面法线北侧,

坡面上的辐射随太阳高度角的增大反而减小,因此须考虑太阳辐射所造成的温度差异。

一般情况下,坡度订正项可表示为:

$$\Delta T_a = \frac{\Delta T}{\Delta a}(a_{ij} - a_b) \quad (\Phi_i - \delta_k - a_{ij} \geqslant 0) \tag{7.4}$$

式中,ΔT_a 为坡度引起的温度变化,a_b 为基本站南北向坡度,a_{ij} 为纬度(i)、经度(j)处的坡度。

当 $z_k = \Phi_i - \delta_k - a_{ij} < 0$ 即 $h_\theta > \frac{\pi}{2} - a_{ij}$ 时,$\Delta T_a = \frac{\Delta T}{\Delta a}(\pi - 2h_\theta - a_{ij} - a_b)$,代入(7.2)式得:

$$\Delta T_a = \frac{\Delta T}{\Delta a}(2\Phi_i - 2\delta_k - a_{ij} - a_b) \quad (\Phi_i - \delta_k - a_{ij} < 0) \tag{7.5}$$

若 $a_{ij} < 0$ 且 $|a_{ij}| > h_\theta$,即背阴坡且正午阳光无法直射到得地方,有:

$$\Delta T_a = \frac{\Delta T}{\Delta a}\left(\frac{\pi}{2} + \delta_k - \Phi_i - a_b\right) \tag{7.6}$$

于是任意一点的温度小网格订正可按下式计算:

当 $\Phi_i - \delta_k - a_{ij} \geqslant 0$ 时:

$$T_{ij} = T_b + \frac{\Delta T}{\Delta h}(h_{ij} - h_b) + \frac{\Delta T}{\Delta \Phi}(\Phi_{ij} - \Phi_b) + \frac{\Delta T}{\Delta a}(a_{ij} - a_b) \tag{7.7}$$

当 $\Phi_i - \delta_k - a_{ij} < 0$ 时:

$$T_{ij} = T_b + \frac{\Delta T}{\Delta h}(h_{ij} - h_b) + \frac{\Delta T}{\Delta \Phi}(\Phi_{ij} - \Phi_b) + \frac{\Delta T}{\Delta a}(2\Phi_i - 2\delta_k - a_{ij} - a_b)$$

$$\tag{7.8}$$

当 $a_{ij} < 0$ 且 $|a_{ij}| > h_\theta$ 时:

$$T_{ij} = T_b + \frac{\Delta T}{\Delta h}(h_{ij} - h_b) + \frac{\Delta T}{\Delta \Phi}(\Phi_{ij} - \Phi_b) + \frac{\Delta T}{\Delta a}\left(\frac{\pi}{2} + \delta_k - \Phi_i - a_b\right) \tag{7.9}$$

式中,T_{ij}、T_b、$\frac{\Delta T}{\Delta h}$、$\frac{\Delta T}{\Delta \Phi}$、$\frac{\Delta T}{\Delta a}$ 意义同(7.1),h_{ij}、Φ_{ij}、a_{ij} 分别为推算点海拔高度、地理纬度和坡度,h_b、Φ_b、a_b 分别为基准站海拔高度、纬度和坡度,δ_k 为 k 时刻太阳赤纬。

为了消除推算基准站点密度小所造成的台阶误差,使分布图平滑,可以采用该推算点周围 3 个基准站资料,按照(7.7)—(7.9)式分别进行推算,再按该推算点与周围 3 个基准站的距离权重进行平均,使距离该推算点越远的基准站,在平滑时占的权重越小。为此,设 S_{ij} 点距离 A、B、C 3 个基准站的距离分别为 d_a、d_b、d_c,根据这 3 个基准站推算的温度分别为 T_{aij}、T_{bij}、T_{cij},

则该点的 3 点加权平滑温度 T_{ij} 为：

$$T_{ij} = \frac{1}{2}\left(\frac{d_b+d_c}{d_a+d_b+d_c}\right)T_{aij} + \frac{1}{2}\left(\frac{d_a+d_c}{d_a+d_b+d_c}\right)T_{bij} + \frac{1}{2}\left(\frac{d_a+d_b}{d_a+d_b+d_c}\right)T_{cij}$$

$$(7.10)$$

(7.10)式表明，推算点的温度与推算基准站的距离成反比。各地降水量分布可利用(7.10)式，把根据 3 个基准站推算的该点推算数据 T_{aij}、T_{bij}、T_{cij} 分别代换成 3 个基准站降水资料 R_a、R_b、R_c：

$$R_{ij} = \frac{1}{2}\left(\frac{d_b+d_c}{d_a+d_b+d_c}\right)R_a + \frac{1}{2}\left(\frac{d_a+d_c}{d_a+d_b+d_c}\right)R_b + \frac{1}{2}\left(\frac{d_a+d_b}{d_a+d_b+d_c}\right)R_c$$

$$(7.11)$$

根据上述两式，可以输出格距 250 m×250 m 上的平均气温、最低气温、最高气温、各界限温度初终日期间的积温和日照时数、降水量等因子的格点资料，可绘制数字化图为精细化区划奠定基础。

7.3　宁夏枸杞气候适宜性区划

采用 1：25 万数字地图，利用 ArcView 读取 250 m×250 m 格距点上的高程和经纬度信息，计算各点的坡度、坡向，作为推算本底资料，图 7.1 分别给出了海拔、坡度、坡向的反演结果，图上可清晰地看出宁夏地形、地貌特征。

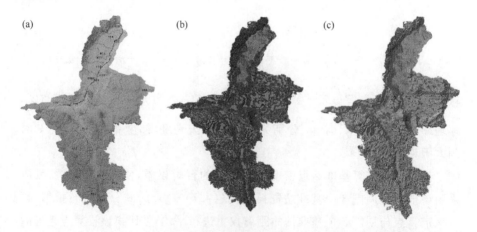

图 7.1　宁夏 1：250000 海拔(a)、坡度(b)、坡向(c)的网格点推算(附彩图)

　　图 7.2 是宁夏各地枸杞区划气象要素指标的网格推算结果,宁夏气温≥10℃期间累计积温分布代表枸杞可利用热量资源,与产量多少成正比。6 月平均气温分布代表枸杞果实形成阶段热量条件。稳定通过 10℃期间日数代表枸杞可利用生长季,稳定通过 10℃期间降水量代表枸杞生长期间降水总量。图上可看出,由于推算格距为 250 m,宁夏大部分地区反映的各种气象指标因子的地域分布特征与实际观测资料统计结果吻合。从宏观上看,宁夏 10℃积温北多南少,6 月份平均气温北高南低,枸杞可利用生长季北长南短,生长季降水量南多北少。从细节来看,考虑了 DEM 地形和坡度坡向的气象要素网格推算,局地小气候特征明显,如清水河流域山间谷地热量资源呈条带状分布,热量资源、气温均高于山坡和山顶(图 7.2a、图 7.2b),可利用生长季长于山坡、山顶(图 7.2c),而生长季降水量则相反,山坡、山顶多于山间谷地,且六盘山南麓阳坡降水量多于北麓的阴坡,东麓的降水量略多于西麓。这些特征与实际观测的站点多年平均值分布规律相符。

　　利用上述农业气象指标因子的地理分布反演图,在 ArcGIS 软件支持下,得到上述指标因子的综合区划结果,按照适宜区、次适宜区、可种植区和不能种植区所确定的指标因子值进行区划,见图 7.3。现分区评述如下。

　　适宜区:包括银川市、石嘴山市、吴忠市、中宁县及中卫东部老灌区。该地区热量资源丰富,≥10℃期间积温一般在 3300～3600 ℃·d,期间的持续日数一般≥170 天。降雨日数少,有黄河灌溉,枸杞产量高,品质优,是枸杞生长最优区。

　　次适宜区:包括青铜峡西部、中卫西部和南部黄河南岸地区、灵武东部、吴忠南部山地、中宁南部山地及清水河下游地区。该地区热量资源丰富,≥10℃期间积温一般在 3000～3300 ℃·d,期间的持续日数一般 160 天以上,气象条件与最优区类似,但 6 月下旬容易遭受干热风,夏果期降水量也比最优区大,产量、品质比最优区略低。

　　可种植区:包括海原北部、同心至固原黑城段清水河流域及周边地区、彭阳红河、茹河谷地。该地区≥10℃期间积温一般在 2800～3200 ℃·d,期间的持续日数一般 150～160 天,积温不足,枸杞秋果热量欠缺,秋果产量低而不稳,枸杞幼果期出现干热风的机会较少,但采果期容易遇到较大的降水,影响品质。

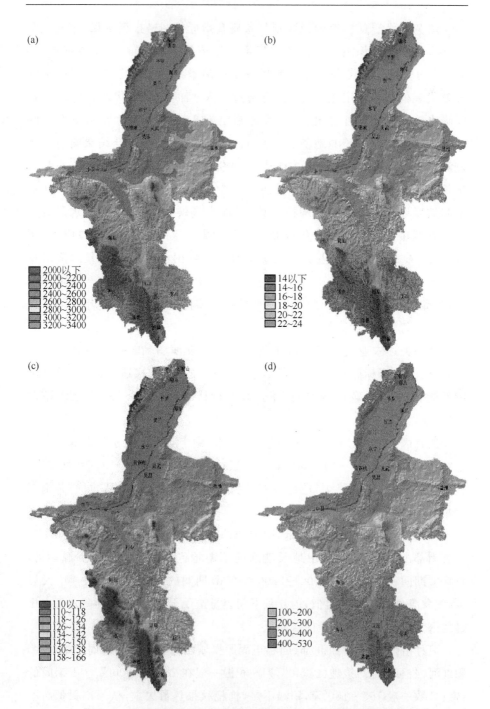

图 7.2　全区各地枸杞区划气象要素指标的小网格推算(附彩图)

(a)稳定通过 10℃期间≥10℃积温(℃·d);(b)6 月平均气温(℃);(c)稳定通过 10℃期间日数(d);(d)稳定通过 10℃期间降水量(mm)

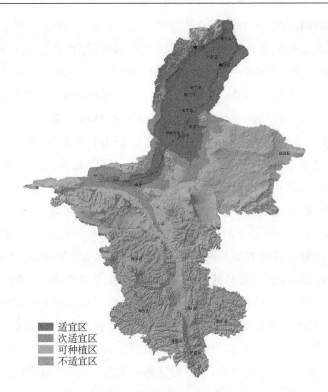

图 7.3　宁夏枸杞适宜种植的细网格农业气候区划(附彩图)

不适宜种植区:包括海原南部、西吉、隆德、泾源、彭阳大部及同心的韦州、麻黄山和盐池地区。该地区≥10℃期间积温一般在 2600 ℃ · d 以下,热量不足,虽然枸杞幼果期不产生干热风,但采果期比灌区推迟 10 天以上,遇到雨季,且降水量较高,枸杞黑果严重,品质差,不宜发展枸杞。

7.4　中国北方地区枸杞气候适宜性区划

利用 MICAPS 系统的等值线分析功能,推算了我国北方地区 15 个省、直辖市、自治区等地 4 个区划指标的分布。图 7.4 表明,我国北方地区枸杞全生育期所能利用的热量资源地域分布规律明显。热量随纬度的降低而增加,华北平原大部分地区、陕西关中平原和南疆热量最丰富,≥10℃期间累计积温大都在 4000 ℃ · d 以上,单就此项指标而言,枸杞一年夏果、秋果的热量富富有余,但枸杞夏眠时间长;3600～3900 ℃ · d 的区域分布在甘肃南部、汉中平原北部、山西南部、华北平原北部、辽州半岛、甘肃敦煌西部、南疆盆地周边地区和北疆天山北麓灌区等广大地区。这些地区如不考虑品质因素,热量能保证枸杞夏秋果热量需求,而且有富裕,因此产量会比较高,但我国东部区域往往受降雨较多的影响,黑果病严重,所以保证质量的产量就大打折扣,而新疆等我国西北内陆区域会形成高总糖和高油果率,产量高,但品质不及宁夏产区;3300～3600 ℃·d 的区域是种植枸杞品质的最优区域,但并不能认为是枸杞产量的最优区域,包括宁夏引黄灌区、陕西中东部、山西中部、华北平原北部、辽宁南部、甘肃敦煌和天山北麓灌区。从热量上来看,这些地区与宁夏灌区类似,可以种植枸杞,但除北疆、敦煌具有与宁夏类似的地区外,我国东部地区降雨量偏大,枸杞品质欠佳;3100～3300 ℃·d 的区域也是枸杞比较适合的区域,只是秋果产量不稳定。包括宁夏同心以北的山区、内蒙古河套西部及阿拉善盟大部分地区、陕北、燕北、内蒙古东南部、辽宁中北部、河西走廊武威、民勤至张掖段及北疆西部,其中内蒙古东部和辽宁中北部因降雨量过大,枸杞黑果病发生率较高;2900～3100 ℃·d 的区域是枸杞秋果产量极其不稳的地区,主要分布在河西走廊西部、宁夏固原以北、海原北部、河套中东部、燕北、张北、内蒙古东部和吉林中南部,东部地区黑果病依然较重;除此之外,其余地区热量太差,不宜种植枸杞。

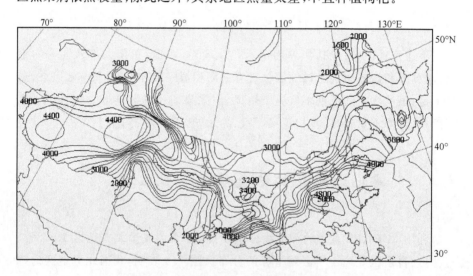

图 7.4　全国北方地区≥10℃期间积温(℃·d)

图 7.5 与图 7.4 对应关系较好,≥190 d 的地区比较适合枸杞生长,夏秋果产量基本有保证。这些地区包括宁夏灌区、甘南、陕西中南部、甘肃中南部、华北平原大部、辽宁辽州半岛、内蒙古黑河下游、南疆、北疆西部精河一带。170～190 d 的区域也是比较好的区域,夏果产量占绝对比例,秋果不稳

定。包括河西走廊和隆东地区、内蒙古西部、河套中部、宁夏固原以北的半干旱区、陕北大部、山西北部、河北北部、内蒙古东部、辽宁、北疆大部。其中我国东部地区因降雨量大,黑果病害重。170 d 以下只能生产夏果,因此不太适合栽培枸杞。包括北疆北部阿尔泰地区、甘肃西北部至新疆与蒙古交界地区、内蒙古中东部草原、吉林、黑龙江和青海省。

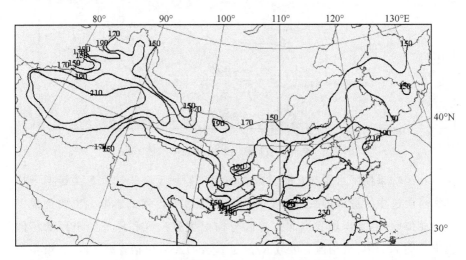

图 7.5　全国北方地区≥10℃期间日数(d)

　　降水量(图 7.6)是决定枸杞品质的关键因素。枸杞全生育期≤100 mm 的区域一般集中在西北内陆地区。主要分布在青海、甘肃、内蒙古 3 省的西北部和南疆地区。这些地区枸杞总糖含量最高,口感好,药用品质和耐贮藏性差,油果较多。如不考虑其他因素,单从降水来看,100～240 mm 的区域是枸杞药用品质和外观品质最优的区域。包括青海中部、河西走廊中部、宁夏长山头至盐池及引黄灌区、内蒙古河套西部、阿拉善盟及阴山以北至大青山以北地区。240～380 mm 的区域是枸杞品质一般,总糖偏低,多糖偏低,黑果率较高的地区。包括青海南部、甘肃兰州市、垄西地区、宁夏南部山区同心县至固原以北地区、陕北、河套东部、燕北、内蒙古东部和吉林西部地区。380～520 mm 的区域是果实偏小,品质差,总糖、多糖偏低,黑果率高的地区,这些地区的不法商贩往往用硫黄熏蒸来提高外观色泽。分布在甘南、隆东、陕西中部、山西大部、河北中部石家庄地区和北部大部分省界地区、内蒙古通辽、辽西、吉林中西部和黑龙江大部。年降水量＞520 mm 的区域果实小,品质差,总糖、多糖低,植物酸含量高,黑果率非常高,一般只能生产鲜果。分布在陕南、汉中平原、河北南部、河南和山东。

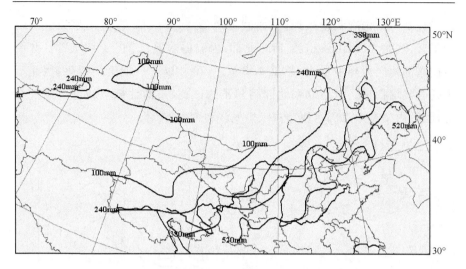

图 7.6　全国北方地区≥10℃期间降水量(mm)

　　枸杞幼果期降水量与日照时数的比能较好地反映枸杞生育关键期干热风和降雨过多所造成的脱落严重和黑果病等致灾因素的影响。主要是根据气候相似原理,来衡量我国北方地区与枸杞优质产区和原产地宁夏的相似程度。图 7.7 中,最相似的区域 R/S 为 7.5～12.5,包括青海东部、甘肃张掖至武威段河西走廊、宁夏银南灌区、惠农县、河套西部阴山以南地区、阿拉善右旗、东疆兰新铁路沿线、南疆博斯腾湖周围和北疆大部。次相似的区域中,$5.0 < R/S < 7.5$ 的区域会发生干热风频率较高,成熟快,果实偏小,产量偏低,品质较优,但油果偏多的区域,主要分布在西北内陆的南疆盆地周边、青海西北部和内蒙古西北部;$12.5 < R/S < 15.0$ 的区域基本无干热风,鲜果产量较高,但黑果病较重,品质较差的地区。分布范围较小,包括青海湖西部很小的区域、甘肃武威地区、宁夏中宁县长山头以南至同心县、盐池县西部、内蒙古东盛至河套中部灌区。$R/S < 5.0$ 或 $R/S > 15.0$ 是相似度最差的地区,前者强干热风发生频率高,花蕾受精不良,减产,成熟快,果实小,但品质较优,油果多,主要集中在南疆和黑河下游。后者无干热风影响,但降水过多,日照偏少,干果产量受影响,黑果病很重,品质极差,色泽发黄,味苦,分布在甘南、宁夏固原以南、内蒙古东部和我国东部所有省市。

　　上述分要素评价并不能代表这些地区仅凭某个单因子就能决定枸杞适宜种植区,将上述图形合成,根据不同指标因子的交集,就能确定出我国北方地区枸杞气候适宜性区划。区划结果见图 7.8,全国枸杞可分为 9 个区域,7 个大类,分区评述如下。

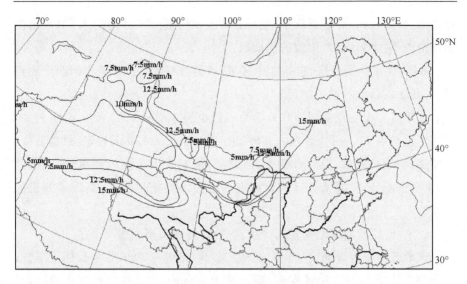

图 7.7　全国北方地区 6 月下旬降水日照比(%)

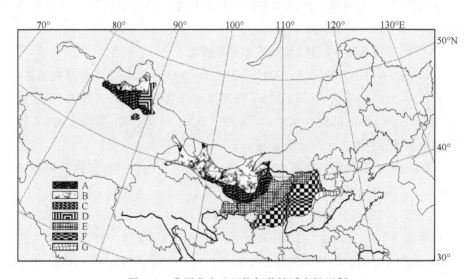

图 7.8　我国北方地区枸杞种植适宜性区划

　　A 区:枸杞最适宜区:包括宁夏灌区中南部和北部的惠农县、河套西北的杭锦后旗、毛乌素沙漠西缘、腾格里沙漠、河西走廊南部张掖东南至武威、民勤地区、新疆天山北麓。

　　该地区枸杞生育期间≥10℃活动积温为 3200～3600 ℃·d,可利用生长季 190 d 左右,降水量 100～240 mm,黑果病北疆很少,宁夏较少、河套西部略多,枸杞幼果期北疆发生干热风较多,河西走廊南段、宁夏、河套西部发生较少,枸杞干果产量高,品质优,药用成分含量高。该区域中现有宁夏、河西走廊、杭锦后旗、北疆石河子、建设兵团5个枸杞产区,其中宁夏、甘肃河西走廊南段是《本草纲目》记载的优质区。

B区:优质次适宜区:包括2个区域,一是内蒙古阿拉善盟和河西走廊西段,二是北疆西北沙漠边缘。

该地区枸杞生育期间≥10℃活动积温也为3000~3200 ℃·d,略欠缺,可利用生长季170~190 d左右,降水量100~240 mm,品质较好,总糖适中,多糖高,药用成分高,但油果偏多。枸杞幼果期发生干热风频率较高,成熟快,果实偏小,产量偏低。目前该区有新疆精河县枸杞产区,是值得开发的区域。

C区:南疆博斯腾湖枸杞高产次优质区:博斯腾湖周边。

该地区枸杞生育期间≥10℃活动积温为3600~3900 ℃·d,热量丰富,可利用生长季150~170 d左右,降水量100 mm以上,枸杞总糖含量高,多糖略偏低,几乎无黑果。枸杞幼果期干热风严重。目前该区建设兵团种植枸杞。

D区:北疆东部一般区:北疆东部沙漠边缘。

该地区枸杞生育期间≥10℃活动积温为2900~3100 ℃·d,热量不足,产量较低,勉强能栽培,夏果能成熟,可利用生长季190~210 d左右,降水量不足100 mm,枸杞总糖含量略高,偶发干热风,产量正常,果实正常,品质优。目前该区只有吉木萨尔有零星枸杞。

E区:枸杞品质略差次适宜区:包括宁夏山区长山头以南至固原黑城以北地区、甘肃兰州以西、陕北和山西北部地区。

该地区枸杞生育期间≥10℃活动积温为2900~3300 ℃·d,略欠缺,可利用生长季170~190 d左右,降水量240~380 mm,品质一般,总糖和多糖偏低,黑果率较高。枸杞幼果期基本无干热风。目前该区有宁夏山区、陕北和内蒙古托克托县3个种植区,与之毗邻的还有河套灌区的乌拉特前旗枸杞种植区。

F区:多雨品质差区:甘肃垄东、陕北延安地区、山西中部、河北中部太行山区。

该地区枸杞生育期间≥10℃活动积温为3300~3900 ℃·d,热量富裕,鲜果产量较高,可利用生长季190~210 d左右,降水量为380~520 mm,枸杞总糖、多糖含量低,果实偏小,品质差,黑果率高,不法商贩多用硫黄熏蒸。目前该区在陕北有零星枸杞。

G区:华北低品质区:河北中部石家庄地区。

该区域枸杞生育期间≥10℃活动积温3300~3900 ℃·d,可利用生长季210 d以上,降水量500 mm左右,果实小,品质差,总糖、多糖低,果味酸高,黑果率非常高,取样时基本没见过不用硫黄熏蒸的果实,该区域鲜果产量高,适宜做鲜果食品,但入药不好,不适宜发展干果。目前该区毗邻地区种植枸杞的有河北巨鹿县、辛集市和天津静海县,不过静海县已经基本不再种植。

参考文献

白寿宁,1999.宁夏枸杞研究[M].银川:宁夏人民出版社:391-674.

蔡文华,李文,陈惠,2006.用地理因子模拟福建省3—6月降雨量模式的探讨[J].气象科学,**26**(5):542-547.

戴凯书,1994.湖北杂交枸杞及系列产品开发研究进展[J].湖北农学院学报,**14**(3):77-80.

董永祥,周仲显,1986.宁夏气候与农业[M].银川:宁夏人民出版社:121-129.

李剑萍,张学艺,刘静,2004.枸杞外观品质与气象条件的关系[J].气象,**30**(4):51-54.

李润淮,李云翔,焦恩宁,等,2002.宁夏枸杞规范化种植及病虫无害化防治[J].世界科学技术/中药现代化,**4**(1):52-55.

刘静,马力文,周惠琴,等,2001.宁夏扬黄新灌区热量资源的网格点推算[J].干旱地区农业研究,**19**(3):64-71.

刘静,张晓煜,杨有林,等,2004.枸杞产量与气象条件的关系研究[J].中国农业气象,**25**(1):17-21.

苏占胜,刘静,李剑萍,2004.宁夏枸杞产量气候区划研究[J].干旱地区农业研究,**22**(2):132-135.

王有科,赫卓峰,蔺海明,1996.宁夏枸杞生产和研究现状调查[J].甘肃农业大学学报,**31**(2):181-184.

翁笃鸣,罗哲贤,1990.山区地形气候[M].北京:气象出版社:215-236.

于沪宁,李伟光,1985.农业气候资源分析和利用[M].北京:气象出版社:276-287.

胥耀平,李冰,1996.10个主要枸杞品系综合评定[J].西北林学院学报,**11**(3):46-49.

张晓煜,刘静,袁海燕,等,2003.枸杞多糖与土壤养分、气象条件的量化关系研究[J].干旱地区农业研究,**21**(3):43-47.

郑广芬,陈晓光,孙银川,等,2006.宁夏气温、降水、蒸发的变化及其对气候变暖的响应[J].气象科学,**26**(4):412-421.

第8章　枸杞气象业务服务产品

作为宁夏"五宝"之首,自治区党委、政府将枸杞产业作为主要特色农业产业培育壮大,面积稳定在 6 万平方千米以上,年产干果达 9.3 万吨,全国市场占有率 70％以上,并远销欧美。但随着面积扩大和种植界限的南移,遭受农业气象灾害和病虫害的危害加重,风险加大。如何有针对性地做好枸杞特色产业气象服务,最大限度地规避农业气象灾害风险已成为宁夏特色农业气象服务的关键。2016 年宁夏回族自治区成立了宁夏农业优势特色产业综合气象服务中心,在中卫市成立了枸杞气象服务分中心,2017 年中国气象局和农业部联合成立了枸杞特色农业气象服务中心。在科技支撑下,枸杞气象服务效益显著,目前已研发了枸杞黑果病、蚜虫和红瘿蚊发生气象等级预报等多项枸杞服务产品,成果纳入宁夏智能化农业气象业务服务平台中,提升了服务的质量和时效,增加了服务的科技内涵。

8.1　枸杞淌头水预报

枸杞适宜头水灌溉十分重要,灌溉过早,不能和枸杞营养生长需水关键期很好地吻合,灌溉过迟,错过了枸杞生长需水关键期,同样发挥不到很好的作用。

(1)数据来源

未来 15 天日平均气温、未来 15 天日最低气温。

(2)计算步骤

①资料的调取
调用枸杞种植区未来 15 天日平均气温和日最低气温资料。

②计算日平均气温序列的 5 日滑动平均气温

假设有 1～n 日的日平均气温序列,连续计算第 1～5 日、2～6 日、3～7 日、…、$i-4$～i 日、…、$n-4$～n 日的平均气温,形成 5 日滑动平均序列(该序列比原始温度序列样本少 4 个)。计算公式见(8.1)式。

$$T_{i\text{评均}} = (T_{i-4} + T_{i-3} + T_{i-2} + T_{i-1} + T_i)/5 \qquad (8.1)$$

式中,$T_{i\text{评均}}$ 为第 i 日的滑动平均气温(℃),T_{i-4}、T_{i-3}、T_{i-2}、T_{i-1} 和 T_i 分别第 $i-4$、$i-3$、$i-2$、$i-1$ 和 i 日的日平均气温(℃)。

③确定日最平均气温稳定通过 8.5℃的初日

检索 5 日滑动平均序列,从后往前找到第一个 $T_{i\text{评均}}$ 大于 8.5℃对应的 5 日,再在这 5 日内从前往后检索,找到某日平均气温≥8.5℃对应的日期,记录该日期。

④适宜淌头水始期的确定

以稳定通过 8.5℃的初日为开始日,逐日检索相应的日最低气温,同时满足平均气温通过 10℃和最低气温≥4℃两个条件时,即为枸杞适宜淌头水始期(各地可以根据地域气候特点,对 8.5℃指标和 4℃指标进行调整)。

⑤适宜淌头水结束期的确定

当日平均气温稳定通过 11.5℃时,即为枸杞适宜淌头水结束日期。

8.2　枸杞整形气象条件适宜度预报

整形修剪是枸杞栽培管理的一项重要技术措施,通过整形为以后的生长结果和丰产打好基础。

(1)数据来源

未来 4 日晴雨预报。

(2)预报时段

冬剪枝:每年的 2 月下旬—3 月中旬。
新稍抹芽:每年 4 月中旬(萌芽期和展叶期)。
秋剪枝:每年 7—8 月。
共 3 次开展预报服务。

(3)判断模型

在预报时段内,读取未来 4 天天气预报,逐日判断,符合"一雨三晴"模式时,未来第二至四日即为适宜枸杞整形期。

一雨:指未来第一日出现量级≤中雨级别的降水过程。

三晴:指未来第二至四日(每日)预报术语中包含,晴、晴间多云、晴转多云、多云间晴、多云转晴字样。

风力:未来第二至四日(每日)风力≤3 级。

8.3　枸杞适宜采收、晾晒气象条件适宜度预报

枸杞采摘、晾晒是枸杞生产活动中最重要的农事活动之一,采摘、晾晒期间如果遇雨不仅增加了劳动难度,还有可能产生枸杞黑果病,影响品质,进而影响茨农的收入,因此,适时掌握晾晒时机,提高果品品质,意义重大。

(1)数据来源

未来 7 日逐日天气预报。

(2)预报时段

每年 6 月 20 日开始,制作枸杞采摘、晾晒气象适宜度指数业务产品,7月 30 日暂时停止,9 月 10 日开始至初霜冻出现日期结束。

(3)判断模型

枸杞采摘、晾晒气象适宜度指标见表 8.1。

表 8.1　枸杞晾晒适宜度指标及专家知识库

预报术语		晾晒指数	专家知识库
天气现象	风力		
晴、晴间多云、多云间晴、晴转多云、多云转晴	≤4 级	适宜	采摘后及时晾晒
其他	其他	较适宜	密切关注天气变化,及时晾晒
有"雨"字样		不适宜	及时收好已采摘的枸杞,必要时进行烘干

8.4　枸杞采收期预报

准确预测枸杞成熟期和采收高峰期,对合理调配采收用工量,提高农民收入,减少损失具有非常重要的作用。

(1)数据来源

3 月 1 日—5 月 30 日日平均气温,未来 15 日逐日日平均气温。

(2)预报时段

每年 5 月 30 日开始,制作枸杞头茬果适宜采收期预报业务产品,通过积温推算出采收始期和采收盛期,推算出盛期后结束制作。

(3)判断步骤

①资料提取

每年 5 月 30 日开始,提取枸杞种植区 3 月以来逐日日平均气温实况资料,未来 15 天逐日平均气温资料。

②稳定通过 9℃初日的计算。

假设有 1~n 日的日平均气温序列,连续计算第 1~5 日、2~6 日、3~7 日、…、i−4~i 日、…、n−4~n 日的平均气温,形成 5 日滑动平均序列(该序列比原始温度序列样本少 4 个)。计算公式见(8.1)式。

检索 5 日滑动平均序列,从后往前找到第一个 $T_{平均}$＞9℃对应的5日,再在这 5 日内从前往后检索,找到某日平均气温≥9℃对应的日期,记录该日期。

③通过积温推算适宜采收期始期和盛期

从稳定通过 9℃当日开始累积≥0℃积温,从 6 月 1 日起,改用预报值,继续累加积温值,当积温达到 1026.5 ℃·d 时,为适宜采收期的始期。

从稳定通过 9℃当日开始,累积≥0℃积温,从 6 月 1 日起,改用预报值,继续累加积温值,当积温达到 1182.1 ℃·d 时,记录该日期,为适宜采收期盛期。

8.5　枸杞黑果病发生气象等级预报

枸杞黑果病即枸杞炭疽病,是由炭疽菌引起的枸杞真菌病害,主要危害嫩枝、叶、蕾、花、果实等,是枸杞主要的病害之一。

(1)数据来源

未来 7 日逐日平均气温、未来 7 日逐日降水量、未来 7 日逐日平均空气相对湿度。

(2)预报时段

每年 6—9 月,逐日计算。

(3)判断步骤

①资料提取

每年 6—9 月,提取枸杞种植区内各格点未来 7 日逐日日平均气温、日降水量、日相对湿度。

②枸杞黑果病发生气象等级判断

按照表 8.2 给出的指标进行判断,当某日气象条件同时达到 2 个(或 2 个以上)时,以最高级别为准。

表 8.2　枸杞黑果病气象等级判断指标

发生程度等级	日平均气温(℃)	日降水量(mm)	日平均相对湿度(%)	逻辑关系
1(轻度发生)	16.0~30.0	≥5.0	≥50%	
2(中度发生)	18.0~30.0	≥10.0	≥60%	三者同时满足
3(偏重发生)	20.0~30.0	≥20.0	≥70%	
4(重度发生)	22.0~30.0	≥40.0	≥80%	
0(不发生)	不满足以上任何一个条件时			

注:当气象条件满足两个或者两个以上等级时,以级别高的为准。

8.6　枸杞蚜虫发生气象等级预报

枸杞蚜虫是枸杞生产中成灾性害虫。成虫、若虫常群集于枸杞嫩梢、叶背及叶基部,刺吸汁液,对枸杞产量和品质影响很大,是枸杞三大害虫之一。

(1)数据来源

旬平均气温、旬累计降水量、旬平均空气相对湿度。

(2)预报时段

每年5—9月,每旬的第一天计算。

(3)计算步骤

①数据读取

读取枸杞种植区旬平均气温、旬累积降水量和旬平均空气相对湿度资料。

②枸杞蚜虫虫口密度估算

按照(8.2)—(8.4)式分别计算单独由旬平均气温、旬累积降水量和旬平均相对湿度可能对应的虫口密度,再由综合模型估算田间虫口密度。

$$N_T = -9.5483T^2 + 389.66T - 3652.5 \tag{8.2}$$

$$N_R = 339.37e^{-0.1032R} \tag{8.3}$$

$$N_{RH} = -12.169RH + 893.7 \tag{8.4}$$

式(8.2)—(8.4)中,N_T 为通过旬平均气温计算出的虫口密度(个/枝),T 为旬平均气温(℃);N_R 为通过旬累计降水量计算出的虫口密度(个/枝),R 为旬累计降水量(mm);N_{RH} 为通过旬平均相对湿度计算出的虫口密度(个/枝),RH 为旬平均相对湿度(%)。

③预测枸杞蚜虫发生气象等级

根据(8.5)式估算各格点的蚜虫虫口密度,再根据发生程度的判别指标(表8.3),预测各站枸杞蚜虫发生气象等级。

$$N=0.2577N_T+0.3409N_R+0.4014N_{RH} \tag{8.5}$$

式中,N 为综合虫口密度(个/枝),N_T 为通过旬平均气温计算出的虫口密度(个/枝),N_R 为通过旬降水量计算出的虫口密度(个/枝),N_{RH} 为通过旬平均相对湿度计算出的虫口密度(个/枝)。

表 8.3　枸杞蚜虫危害气象等级分类标准

虫口密度 N(个/枝)	蚜虫危害等级	意义
<100	1	危害轻微,极不适宜发生
100~200	2	危害较轻,不适宜发生
200~300	3	危害中等,适宜发生
300~400	4	危害较重,很适宜发生
>400	5	危害极重,极适宜发生

8.7　枸杞红瘿蚊发生气象等级预报

枸杞红瘿蚊是枸杞主要害虫之一。成虫以产卵管插入枸杞植株幼蕾,排卵后孵化为幼虫,取食子房,使花蕾呈盘状畸形虫瘿,不能发育成果实,危害严重。

(1)数据来源

旬平均气温、旬累计降水量、旬平均空气相对湿度。

(2)预报时段

每年 5—9 月,每旬的第一天计算。

(3)计算步骤

①数据读取

读取枸杞种植区旬平均气温、旬累积降水量和旬平均空气相对湿度资料。

②枸杞红瘿蚊发生气象等级预测

由表 8.4 可分别计算单独由旬平均气温、旬累积降水量和旬平均相对湿度判断的红瘿蚊气象等级。

表 8.4 枸杞红瘿蚊气象等级判断指标

气象等级	描述	田间危害率(%)	旬累积降雨量(mm)	旬平均气温(℃)	旬平均相对湿度(%)
0	不适宜	<10	≤0.5 ≥12.0	≤15 ≥26	≤27 ≥57
1	较适宜	10~30	0.5~2.5 或 10.9~12.0	15.1~20 或 23.1~25.9	28~36 或 47~56
2	适宜	>30	2.6~10.8	20.1~23.0	37~46

再由综合模型(8.6)估算综合气象等级。

$$G = 0.311G_T + 0.236G_R + 0.453G_{RH} \qquad (8.6)$$

式中,G 为枸杞红瘿蚊气象综合等级,G_R 为旬降水量判别结果,G_T 为旬平均气温判别结果,G_{RH} 为平均相对湿度判别结果。计算结果四舍五入保留整数位。

根据判断指标和模型给出:0(不适宜)、1(较适宜)、2(适宜)的判断结果。

8.8 枸杞热害气象等级监测、评估

枸杞热害对枸杞夏果的产量影响较大,常造成夏果落花落蕾,使夏果采摘提前结束,延长夏眠。本产品用于监测枸杞热害发生程度以及对当年热害情况评估,可对枸杞产量预报提供重要的参考价值。

(1)数据来源

日平均相对湿度、日最高气温。

(2)预报时段

每年 7 月 2 日开始,制作枸杞热害等级监测产品,通过模式计算,得到枸杞热害等级,在监测结果的基础上,8 月 1 日进行枸杞夏果结果时段的热害评估。

(3)计算步骤

①数据读取

读取枸杞种植区某地前一日日平均气温、日平均相对湿度资料。

②枸杞单株落花落蕾数计算

根据公式(8.7)计算枸杞单株落花落蕾数。

$$P = 239.34 - 13.9276T_{max} + 0.2536T_{max}^2 - 1.0388RH + 0.0061RH^2$$

$$(8.7)$$

式中,P 为单株落花落蕾数(个/枝);T_{max} 为日最高气温(℃);RH 为日平均相对湿度(%)。

③枸杞热害监测等级判断

根据(8.7)式的计算结果,得到单株落花落蕾数 P。根据计算的 P 值确定监测站点枸杞热害日气象级别,枸杞热害气象分级标准如下:

$P \leqslant 15$ 个/株,为 1 级,无热害日。

$15 < P \leqslant 20$ 个/株,为 2 级,轻度热害日。

$20 < P \leqslant 30$ 个/株,为 3 级,中度热害日。

$30 < P \leqslant 40$ 个/株,为 4 级,重度热害日。

$P > 40$ 个/株,为 5 级,极重度热害日。

④枸杞热害程度评估指标

7月1日—8月1日期间,没有出现3级(包括3级以上)的热害日,评估结果为轻度热害危害,产量损失在3%以内。

7月1日—8月1日期间,出现了3级(包括3级以上)的热害日,但4级(包括4级以上)的日数≤3日,评估结果为中度热害危害,产量损失在3%~5%。

7月1日—8月1日期间,出现了4级(包括4级以上)的日数>3日,评估结果为重度热害危害,产量损失在5%以上。

8.9 枸杞生育期间气象适宜度评价

在枸杞植株生长期间,评价光、温、水等农业气象条件对其生长发育的影响。为各级政府部门和生产单位实时了解和掌握作物生长动态信息、及时采取有效措施提供科学依据。

(1)数据来源

旬平均气温、旬降水量、旬日照时数实况值。

(2)评价时段

每年 3 月下旬开始调取资料,4 月 1 日制作第一期产品,10 月 1 日结束,期间每旬制作 1 期生育期气象适宜度评价产品。

(3)计算步骤

①提取站点信息及资料

调用宁夏枸杞产区自动气象站经度、纬度、海拔等信息,逐旬平均气温、逐旬降水量、上一旬降水量、逐旬日照时数(如果没有日照数据,可用大监站代替)等实况资料。

②根据温度适宜度计算公式,逐旬计算温度适宜度

温度的适宜度计算公式如下:

$$P_T = \frac{(T-T_1)(T_2-T)^{\left(\frac{T_2-T_0}{T_0-T_1}\right)}}{(T_0-T_1)(T_2-T_0)^{\left(\frac{T_2-T_0}{T_0-T_1}\right)}} \tag{8.8}$$

式中,P_T 为某旬温度适宜度。T_1 为下限温度;T_2 为上限温度;T_0 为作物的最适温度;T 为某旬的平均气温,T_1、T_2、T_0、T 的单位均为℃。在不同的时段,枸杞三基点温度不同,其值见表 8.5,温度适宜度指数保留 1 位小数。

表 8.5　枸杞不同生育期各界限温度指标

发育期	旬	T_0(℃)	T_1(℃)	T_2(℃)
展叶	4 中	17	5	29
春稍生长	4 下	17	6	31
现蕾期	5 上	18	7	31
开花期	5 中	18	8	32
幼果期	5 下	19	8	32
果实转色期	6 上	20.5	9	32
果实成熟期	6 中—8 上	20.5	9	32
秋梢生长期	8 中	20.5	9	32
秋稍现蕾	8 下	20.5	9	32

发育期	旬	$T_0(℃)$	$T_1(℃)$	$T_2(℃)$
秋稍开花	9 上	20.5	9	32
秋果成熟	9 中—10 上	20	8	31

③根据降水适宜度计算公式,逐旬计算降水适宜度

降水的适宜度计算公式分 3 个阶段:

5 月中、下旬、9 月上旬用下列公式计算:

$$P_R = \begin{cases} 0 & (ET_{ci}=0) \\ \dfrac{kR_{i-1}+R_i}{ET_{ci}} & (kR_{i-1}+R_i \leqslant 1.5ET_{ci}) \\ \dfrac{ET_{ci}}{kR_{i-1}+R_i} & (kR_{i-1}+R_i > 1.5ET_{ci}) \end{cases} \tag{8.9}$$

6 月上旬—8 月上旬、9 月中旬—10 月上旬用下列公式计算:

$$P_R = \begin{cases} 0 & (ET_{ci}=0) \\ \dfrac{kR_{i-1}+R_i}{ET_{ci}} & (kR_{i-1}+R_i \leqslant 1ET_{ci}) \\ \dfrac{ET_{ci}}{kR_{i-1}+R_i} & (kR_{i-1}+R_i > 1ET_{ci}) \end{cases} \tag{8.10}$$

除上述时段以外的其他时段:

$$P_R = \begin{cases} 0 & (ET_{ci}=0) \\ \dfrac{kR_{i-1}+R_i}{ET_{ci}} & (kR_{i-1}+R_i \leqslant 5ET_{ci}) \\ \dfrac{ET_{ci}}{kR_{i-1}+R_i} & (kR_{i-1}+R_i > 5ET_{ci}) \end{cases} \tag{8.11}$$

(8.9)—(8.11)式中,P_R 为某旬降水适宜度。R_i 为第 i 旬的降水量(mm),R_{i-1} 为上一旬降水量(mm),ET_{ci} 为第 i 旬的枸杞需水量(mm),各旬的 ET_c 取值见表 8.6(表 8.6 需要存入基本数据库中,以后从基本数据库中调取),k 为水分消减系数,取值 0.5。按照不同时段,采用不同的适宜度公式,逐旬计算降水适宜度,降水适宜度指数保留 1 位小数。

表 8.6　1991—2010 年枸杞逐旬平均需水量(mm/旬)

月	旬	需水量
4	上	0.05
4	中	0.37

续表

月	旬	需水量
4	下	0.41
5	上	4.25
5	中	13.10
5	下	26.72
6	上	35.73
6	中	45.43
6	下	56.23
7	上	56.97
7	中	54.96
7	下	58.50
8	上	50.98
8	中	45.64
8	下	47.07
9	上	34.13
9	中	27.16
9	下	21.54
10	上	16.05

④根据日照适宜度计算公式,逐旬计算日照适宜度

日照适宜度计算公式:

$$P_S = \begin{cases} 1 & (S_i > 0.7S_0) \\ \dfrac{S_i}{S_0} & (S_i \leqslant 0.7S_0) \end{cases} \qquad (8.12)$$

式中,P_S 为某旬日照适宜度,S_i 为 i 旬日照时数(h),S_0 为对应的旬可照时数(h)。

按照(8.13)—(8.15)式给出的公式计算可照时数:

$$\delta = 0.409 \times \sin\left(\frac{2\pi}{365}J - 1.39\right) \qquad (8.13)$$

$$W_s = \arccos(-\tan\Phi \times \tan\delta) \qquad (8.14)$$

$$N = \frac{24}{\pi}W_s \qquad (8.15)$$

(8.13)—(8.15)式中,δ 是太阳的磁偏角(弧度),J 为日序(1 月 1 日,$J=1$; 1 月 2 日,$J=2$;…;12 月 31 日,$J=365$);W_s 是日落的角度(弧度);Φ 是当地纬度(弧度)。N 是可照时数(最大天文日照时数)(h)。

按照公式计算出来的结果为每日的可照时数,旬可照时数为本旬逐日累计值。日照适宜度指数保留 1 位小数。

⑤根据综合适宜度计算公式,逐旬计算综合适宜度

$$P = (P_T \times P_R \times P_S)^{\frac{1}{3}}$$
(8.16)

式中,P 为旬综合适宜度,P_T、P_R、P_S 分别为旬温度适宜度、降水适宜度、日照适宜度。综合宜度指数保留 1 位小数。

⑥评价指标

基于适宜度的宁夏枸杞气象条件评价指标见表 8.7。

表 8.7　枸杞适宜度指标

适宜度范围	等级	评述
$P \geqslant 0.7$	4 级	极适宜
$0.4 \leqslant P < 0.7$	3 级	适宜
$0.2 \leqslant P < 0.4$	2 级	不适宜
$P < 0.2$	1 级	极不适宜

8.10　枸杞气候品质评价(宁杞 1 号)

枸杞品质主要为总糖、多糖和百粒重等。枸杞总糖是枸杞甜味的重要来源,在干果中比重大,是枸杞品质的重要组成部分。枸杞多糖是枸杞特有的药用成分之一,具有促进人体免疫功能、延缓衰老等多种功效,是评价枸杞药用品质的重要指标之一。枸杞百粒重是枸杞重要的外观品质,百粒重越大,枸杞商用价值越高,种植户的经济效益也越高,是评价枸杞外观品质的重要指标之一。在土壤、耕作措施等不变的条件下,枸杞品质受气象因子影响。气候品质是指根据当年的气象条件优劣来判断枸杞品质,进行枸杞品质评价,对枸杞价格预测、制定销售计划具有重要的参考价值。

(1)数据来源

日平均气温、日降水量、日日照时数、日平均相对湿度。

(2)评价时段

每年的 6 月 20 日、7 月 20 日各计算 1 次,采收日期分别定为 6 月 20 日、

7 月 20 日。由于枸杞为无限花序只要条件适宜都会结果,所以也可以由用户自定义采收期,如果用户自行定义采收期,则枸杞总糖、多糖、百粒重和气候品质等程序均要重新计算,计算方法不变。

(3)计算步骤

①枸杞总糖估算模型:

$$S_c = 32.01 + 0.086S_b + 0.212R_b \qquad (8.17)$$

式中,S_c 为枸杞总糖含量(g/100 g);S_b 为果实形成期(一般采收前 25 天至采收前 5 天)累计日照时数,R_b 为果实形成期(一般采收前 25 天至采收前 5 天)累计降水量。

②枸杞多糖估算模型:

$$SP_O = 8.23 - 0.4T_f + 0.014S_f \qquad (8.18)$$

式中,SP_O 为枸杞多糖含量(g/100 g);T_f 为开花期(一般采收前 40 天至采收前 25 天)平均气温(℃)。S_f 为开花期(一般采收前 40 天至采收前 25 天)累计日照时数(h)。

③枸杞百粒重估算模型:

$$WH = 37.97 - 0.26T_{40} - 0.35U_{35} \qquad (8.19)$$

式中,WH 为枸杞百粒重(g),T_{40} 为采摘前 40 天平均气温(℃),U_{35} 为采摘前 35 天平均相对湿度(%)。

④枸杞总糖、多糖、百粒重级别判断:

根据(8.17)—(8.19)式,分别计算出总糖、多糖、百粒重的具体值,再利用表 8.8 中的判别指标进行判断,分别得到总糖级别、多糖级别和百粒重级别。

各单项品质因子的判断指标见表 8.8。

表 8.8　枸杞各单项品质因子的等级判别指标

单项品质因子	5(特优)	4(优)	3(良)	2(中)	1(差)
枸杞总糖%	≥55	45~54.9	35~44.9	25~34.9	<25
枸杞多糖%	≥3.00	2.8~2.99	2.7~2.89	2.6~2.79	<2.60
百粒重 g/100 粒	≥17.8	13.5~17.7	8.6~13.4	5.6~8.5	<5.6

⑤枸杞气候综合品质评价

枸杞气候品质综合评价模型:

$$P = 0.20CS_{tv} + 0.55CPo_{tv} + 0.25WH_{tv} \tag{8.20}$$

式中，P 为枸杞气候品质级别；CS_{tv} 为枸杞总糖级别；CPo_{tv} 为枸杞多糖级别；WH_{tv} 为枸杞百粒重级别。

根据(8.20)式得出综合品质级别，保留一位小数。再根据表8.9给出的判别指标，判断枸杞的综合指标。

根据表8.9开展枸杞综合气候品质判断。

表8.9　枸杞品质综合气象等级判别指标

综合气候品质 \ 级别	5(特优)	4(优)	3(良)	2(中)	1(差)
P	≥4.2	3.2～4.1	2.2～3.1	1.2～2.1	＜1.2

参考文献

马力文,张宗山,张玉兰,等,2009.宁夏枸杞红瘿蚊发生的气象等级预报[J].安徽农业科学,**37**(20):9516-9518,9529.

李剑萍,张学艺,刘静,2003.枸杞外观品质与气象条件的关系[J].气象,**30**(4):51-54.

刘静,张宗山,马力文,等 2015.宁夏枸杞蚜虫发生规律及其气象等级预报[J].中国农业气象,**36**(03):356-363.

刘静,张宗山,张立荣,等 2008.银川枸杞炭疽病发生的气象指标研究[J].应用气象学报,**19**(3):333-341.

曲玲,焦恩宁,张宗山.枸杞炭疽病研究进展[J].北方园艺,2011(20):195-199.

王夫华,等,1989.枸杞果多叶茂的技术关键——剪枝[J].中国花卉盆景,(07):8.

张晓煜,刘静,王连喜,2004.枸杞品质综合评价体系构建[J].中国农业科学,**37**(3):416-421.

张晓煜,刘静,袁海燕,2005.枸杞总糖含量与环境因子的量化关系研究[J].中国生态农业学报,**13**(3):101-103.

张晓煜,刘静,袁海燕,2004.土壤和气象条件对宁夏枸杞灰分含量的影响[J].生态学杂志,**23**(3):39-43.

张晓煜,刘静,袁海燕,等 2004.不同地域环境对枸杞蛋白质和药用氨基酸含量的影响[J].干旱地区农业研究,**22**(3):100-104.

张晓煜,刘静,袁海燕,等 2003.枸杞多糖与土壤养分、气象条件的量化关系研究[J].干旱地区农业研究,**21**(3):43-47.

张自萍,郭荣,史晓文,等 2007.不同采摘期枸杞品质变化研究[J].西北农业学报,**16**(4):126-130.

第 9 章　枸杞气象标准化

标准化工作是气象事业的基础。气象标准涉及气象工作的方方面面,是提高气象防灾减灾和应对气候变化能力的重要基础,是气象科技成果转化为业务服务能力的重要途径,也是气象部门履行社会管理和公共服务职能、引领气象事业科学发展的重要支撑和保障。

气象部门在枸杞研究上成果颇丰,为了将前期研究成果总结归纳上升为标准,科技工作者们在枸杞农业气象观测规范、枸杞病虫害监测、预警、评估等方面,总结、提炼、修订,并参考已发布的有关行业标准和国家标准等,制定了《枸杞农业气象观测规范》、《枸杞炭疽病发生气象等级》两项行业标准,两项标准于 2015 年由中国气象局颁布。目前在国内外尚没有枸杞气象方面的相关气象等级标准,2 项标准的颁布弥补了宁夏气象无行标的空白,也标志着宁夏气象标准化工作进入了一个新阶段。目前 2 项标准在内蒙古巴彦淖尔气象局、青海诺木洪气象局、宁夏盐池气象局、惠农县气象局、沙坡头区气象局、中宁气象局进行推广,在业务服务中取得了较大作用。

9.1　枸杞农业气象观测规范

气象观测是"借助仪器和目力对气象要素和气象现象进行的测量和判定"。目的是提供满足气象业务需求的气象观测资料。观测场地、观测设备、观测方法、观测人员、数据文件、观测组织工作决定了气象观测资料的质量。农业气象观测包括对农作物生长环境中的物理要素、气象要素及相关土壤要素和生物要素的观测。农业气象观测规范的基本内容是对上述要素进行规范,以保证获取合格的气象观测资料。它是取得具有准确性、代表性、可比性的农业气象观测资料的技术规定。

目前各气象台站使用的《农业气象观测规范》(1993 年版)(以下简称《规

范》)是气象出版社出版,在《农业气象观测方法》(1979年版)和气象台站观测试验资料的基础上编写的,于1993年开始使用。它是农业气象工作者长期工作实践与经验的总结,已成为业内权威性文献。它规定了农业气象观测的基本任务、观测方法、技术要求以及观测记录的处理方法。分上下两卷。上卷包括:作物分册、土壤水分分册、自然物候分册、畜牧分册。下卷包括:果树分册、林木分册、蔬菜分册、养殖渔业分册和补充篇农业小气候观测,内容涵盖了观测场地、观测设备、观测方法、观测人员、数据文件、观测组织工作,有很好的可操作性。

　　枸杞是宁夏最主要的特色作物,但枸杞农业气象观测业务一直存在无标准可依的局面。宁夏回族自治区气象局曾在20世纪80年代初在中宁、灵武等地区开展过3年枸杞农业气象观测业务,但限于没有相应的观测技术规范,各地观测的要素、标准和方法不统一,观测资料也存在很大的差异,在业务服务和科研中难以应用,3年后停止了这项业务。近年来,枸杞气象科研取得长足进步,为制定标准打下了良好的理论与应用基础。2005年,宁夏回族自治区气象局初步制定了《枸杞观测规范》,但仍然不属于严格意义上的标准,同时在中卫、中宁、永宁等气象局布置了枸杞农业气象观测任务,枸杞农业气象观测业务运行至今,积累了一些较为可靠的试验观测数据,为制定《枸杞农业气象规范》气象行业标准奠定了基础。

　　尽管《规范》中所涉及的农作物不包含枸杞,但其仍然是编制《枸杞农业气象观测规范》的重要参考文献,编制组在《枸杞农业气象观测规范》的编制过程中,尽量保持1993年版《规范》格式、内容、方法,这对基层台站使用来说,具有方便、实用和可操作性。另一方面,标准的起草严格遵守GB/T 1.1—2009的相关规定。具体标准文本见附录一。

9.2　枸杞炭疽病发生气象等级

　　枸杞炭疽病又称黑果病,是由胶孢炭疽病原引起的真菌病害。该病最早于5月上旬开始发病,发病初期花瓣上出现黑斑,7—8月份危害最为严重时花完全变黑,子房干瘪不能结实。青果感病初期,出现数个小黑点或不规则褐斑或黑色网状纹,遇阴天病斑迅速扩大,2~3 d即可蔓延全果,果实变黑并且出现橘红色孢子堆,致使果实不能食用和入药;病斑晴天时扩展极慢,病斑处变黑失水,凹陷,未受害部分尚可变红,但质量低劣。

宁夏是枸杞的原产地,目前国内大面积种植的品种均为宁夏大麻叶系统选育出来的"宁杞一号"品种。在科技部项目的支持下,项目组利用植物病害研究方法,在炭疽菌分离、培养的基础上,利用人工气候箱开展了更详细和深入研究。确定了枸杞炭疽菌孢子生长的温湿度环境气象条件阈值,然后进一步进行田间侵染、扩散的气象条件修订,从而得出枸杞炭疽病发生程度与气象条件的关系。

考虑到枸杞大田处在自然环境中,气温、湿度、辐射等具有一定的不确定性,采用恒定的气象要素指标并不能很好地与大田实际发病情况对应起来,因此,建立指标的主要依据是大田接种试验结果,同时,考虑到各种气象因子对炭疽病的发生是一个综合作用,笔者在指标的使用时添加了逻辑关系,便于使用。综合考虑,建立了枸杞炭疽病发生的气象等级指标。结合统计方法和历史气象资料反演了历史发病情况,证实指标确定的等级与实际情况基本吻合,从而编制了枸杞炭疽病发生的气象等级标准,实现科研到标准的转化,为枸杞炭疽病的业务化监测、预报、预警和评估工作提供了支撑。具体标准文本见附录二。

参考文献

李昌兴,2009.落实科学发展观,推进气候系统观测又好又快发展[J].气象标准化通讯,(1):14-18.

李春田,2005.标准化概论[M].北京:中国人民大学出版社:25-61.

纪翠玲,2010.我国气象标准制修订现状评析[J].气象标准化通讯,(2):15-24.

全国服务标准化技术委员会,2009.服务业组织标准化工作指南[M].北京:中国标准出版社:24-84.

宋刚,2009.钱学森开放复杂巨系统理论视角下的科技创新体系——以城市管理科技创新体系构建为例[J].科学管理研究,**27**(06):1-6.

张钛仁,2007.我国气象标准化工作的若干思考[J].气象标准化通讯,(1):19-23.

中国气象局,1993.农业气象观测规范[M].北京:气象出版社:7-60.

中国标准化研究院,2009.标准化工作导则 第1部分:标准的结构和编写 GB/T1.1—2009[S].北京:中国标准出版社.

附录1:农业气象观测规范　枸杞
(QX/T 282—2015)

1　范围

本标准规定了枸杞农业气象观测的规则,包括观测的原则、地段的选择,发育期、生长状况、生长量观测,产量与品质调查,主要农业气象灾害、病虫害观测,主要田间工作记载、观测簿表填写的要求及生育期间气象条件鉴定的内容等。

本标准适用于开展枸杞相关气象业务、服务和研究的农业气象观测。

2　规范性引用文件

下列文件对于本文件的应用是必不可少的,凡是注日期的引用文件,仅注日期的版本适用于本文件。凡是不注日期的引用文件,其最新版本(包括所有的修改单)适用于本文件。

GB 3100　国际单位制及其应用(ISO 1000)

GB 3101　有关量、单位和符号的一般规则(ISO 31-0)

GB 3102(所有部分)　量和单位[ISO 31(所有部分)]

3　术语和定义

下列术语和定义适用于本文件。

3.1　枸杞　*Lycium chinense*

双子叶植物,茄科,枸杞属。多分枝落叶灌木。茎干细长,丛生,有短刺。叶卵形或卵状菱形,花淡紫色。浆果卵圆形,红色,能入药。

3.2　老眼枝　first fruit bearing shoot

前一年秋季修剪保留的结果枝,其结出的果实叫老眼枝果。

3.3　夏果枝　summer fruit bearing shoot

当年新抽出的结果枝,又名春梢,其结出的果实叫夏果。

3.4　秋果枝　autumn fruit bearing shoot

枸杞在经过夏眠后,于秋季抽出的结果枝,又名秋梢,其结出的果实叫秋果。

3.5　病果　diseased berry

受病菌侵染后,果实粒面病斑面积达 2 mm² 以上的果粒。

3.6　枸杞炭疽病　*Lycium chinense* anthracnose

由胶孢炭疽菌引起的枸杞真菌病害,主要危害嫩枝、叶蕾、花、果实等,是枸杞主要的病害之一。

3.7　枸杞根腐病　Root rot of *Lycium chinense*

由轮枝菌侵入枸杞根部而引起的病害,发病时破坏皮层疏导组织,使植株失去水分和养分供应而逐渐枯萎,影响枸杞生长发育和产量。

3.8　枸杞蚜虫　*Aphis sp.*

一种药用植物害虫。属同翅目,蚜科。专属寄主植物为枸杞,成虫群集嫩梢、芽叶基部及叶背刺吸汁液,影响枸杞生长发育和产量。

3.9　枸杞红瘿蚊　*Jaapiella sp.*

一种药用植物害虫。属双翅目,瘿蚊科。成虫产卵于花蕾内,幼虫在花蕾和果实内孵化,影响果实的品质。

3.10　枸杞木虱　*Poratrioza sinica yang et li.*

一种药用植物害虫。属同翅目,木虱科。成虫、若虫均以口器刺吸汁液,使叶片早衰,严重时全株枯黄。

4　观测的原则与地段选择

4.1　原则

平行观测。一方面观测枸杞的发育进程、生长状况、产量形成,另一方面观测枸杞生长环境的物理要素(包括气象要素等)。枸杞观测地段的气象条件与气象观测场基本一致的情况下,气象台站的基本气象观测可作为平行观测的气象部分。

点面结合。在相对固定的观测地段进行系统观测,同时,在枸杞生育的关键时期以及在气象灾害、病虫害发生时,根据当地服务需求,进行较大范围的农业气象调查,以增强观测的代表性。

4.2　地段的选择

所选观测地段应能代表当地一般气候、土壤、地形、地势及产量水平。地段一经选定宜保持长期稳定,如确需调整应选择邻近农田,并进行记载。具体见附录 A(略)。

5　发育期观测

5.1　观测内容

芽开放期、展叶期、春梢生长期、老眼枝果实成熟期、夏果枝开花期、夏果成熟期、叶变色期、秋梢生长期、秋梢开花期、秋果成熟期、落叶期。

5.2　观测时间

发育期观测宜采用隔日观测,若规定观测的相邻两个发育期间隔时间很长,在不漏测发育期的前提下,可逢五和旬末观测,临近发育期即恢复隔日观测。具体时段由台站根据历史资料和当年枸杞生长情况确定。

5.3　观测地点

在观测地段 2 个区内,各选有代表性的一个点,作上标记并编号,发育期观测在此进行。

5.3.1　观测植株的选择:在观测地段的 2 个区内,各选择田中间三至十年生的枸杞树 5 棵。

5.3.2　观测枝条的选定:每棵树选取当年生枝条 2 个挂牌,观测枸杞发育期。

5.4　发育期确定

芽开放期:枝条变绿,芽孢伸长 0.5 cm 以上。

展叶期:展出第 1 片小叶。

春梢生长期:夏果枝生长长度达到 2 cm 以上。

老眼枝开花期:老眼枝上有花开放。

老眼枝果实成熟期:老眼枝上的青果迅速膨大,变成鲜红色,有光泽。

夏果枝开花期:夏果枝上有花开放。

夏果成熟期:夏果枝上的青果迅速膨大,变成鲜红色,有光泽。

叶变色期:夏果枝上的叶片变厚,色泽发生退行性改变,触碰容易掉落。

秋梢生长期:秋果枝伸长达到 2 cm 以上。

秋梢开花期:秋果枝上有花开放。

秋果成熟期:秋果枝上的青果变红。

落叶期:秋冬季枝条上的叶片自然脱落。

当观测枝条上出现某一发育期特征时,即为该个体枝条进入了该发育期。地段枸杞群体进入发育期的时间,以观测的总枝条数中进入发育期的枝条数所占的百分率确定。第一次大于或等于 10％时为该发育期的始期,大于或等于 50％时为发育普遍期。发育期宜观测到 50％为止。

5.5 特殊情况处理

因品种等原因,进入发育期枝条达不到 10％或 50％时,观测进行到进入该发育期的枝条数连续3次总增长量不超过 5％为止。气候原因所造成的上述情况,仍应做观测记载。

如某次观测结果出现发育期百分率有倒退现象,应立即重新观测,检查观测是否有误或观测枝条是否缺乏代表性,以后一次观测结果为准。

因品种、栽培措施等原因,有的发育期未出现或发育期出现异常现象,应予记载。

固定观测枝条如失去代表性,应在测点重新固定枝条观测,当测点内观测枝条有 3 株或 3 株以上失去代表性时,应另选测点。

在规定观测时间遇有妨碍进行田间观测的天气或旱地灌溉时可推迟观测,过后补测应及时。如出现进入发育期百分率超过 10％或 50％,则将本次观测日期作为进入始期或普遍期的时间。

出现以上特殊情况及其处理措施应记入备注栏。

6 生长状况观测与评定

6.1 观测内容

果枝平均长度、果节数。

6.2 观测时间

果枝平均长度观测时间:展叶普期、夏果成熟普期、秋稍开花普期、秋果成熟普期。

果节数观测时间:夏果成熟普期、秋果成熟普期。

6.3 测定方法

在定株挂牌的枝条上进行测定。

果枝平均长度的测定:从所观测的枝条的基部至顶部的平均长度。

果节数的测定:统计从果枝抽生基部到顶部间结果的结位数,不包括抽生的二次结果枝。

6.4 生长状况评定

6.4.1 评定时间和方法

评定时间:在发育普遍期进行。

评定方法:目测评定。以整个观测地段全部枸杞树为对象,综合评定枸杞生长状况的各要素,采用6.4.2给出的评定标准进行生长状况评定。前后两次评定结果出现变化时,应注明原因。

6.4.2 评定标准

生长状况优良:植株健壮,叶色正常,枝条发育良好;没有或仅有轻微病虫害和气象灾害,对生长影响极小;预计可达到丰产年景的水平。

生长状况中等:植株正常,叶色正常,枝条发育尚可;植株遭受病虫害或气象灾害较轻;预计可达到近5年平均产量年景的水平。

生长状况较差:植株发育不良,枝条发育一般;病虫害或气象灾害对其有明显的抑制或产生严重危害;预计产量低,是减产年景。

6.5　大田生育状况观测调查

可根据当地的气象服务需要,安排大田调查,记录存档。

7　生长量观测

7.1　采果批次调查

枸杞全生育期内向观测地段所属农户(或单位)调查每次采摘鲜果的采摘日期,记录采摘时间和相应采果批次。

7.2　鲜果百粒质量测定

7.2.1　测定时间

自夏果成熟之日起至秋果采收结束,大田每批次采收前。

7.2.2　测定方法

从挂牌枝条上随机采收约50粒成熟鲜果称量,按式(1)计算百粒质量。大田每采收一批鲜果前,应测定鲜果百粒质量。

$$W_{hk} = \frac{W_f}{n_f} \times 100 \qquad \cdots\cdots\cdots\cdots\cdots (1)$$

式中:

W_{hk} ——百粒质量,单位为克(g);

W_f ——果实质量,单位为克(g);

n_f ——果实粒数。

7.3　鲜果采果质量调查

自鲜果成熟之日起,向观测地段所属农户(或单位)调查大面积的鲜果采摘量,记录采摘日期、批次、鲜果质量。调查每批次鲜果收获量,待所有批次调查结束后,按照式(2)分别计算每公顷夏果和秋果采摘质量。

$$W_{fa} = \frac{\sum_{i=1}^{n} W_{fp}}{p_a} \qquad \cdots\cdots\cdots\cdots (2)$$

式中:

W_{fa} ——单位面积果实采摘质量,单位为千克每公顷(kg/hm^2);

W_{fp} ——每批次采摘果实质量,单位为千克(kg);

p_a ——采摘面积,单位为公顷(hm^2);

n ——采摘批次。

8　产量及品质调查

8.1　测定和调查内容

干果百粒质量、每批次干果收获量、夏果总产量和秋果总产量、正常果率、病果率、干果含水率。

8.2　测定时间

干果百粒质量、干果产量测定和调查时间为夏果成熟之日起至秋果采收结束。

干果品质测定和调查时间为夏果成熟之日起至夏果采收结束。

8.3　测定和调查方法

8.3.1　干果百粒质量和干果产量

从观测地段所属农户(或单位)采收后晒干或烘干的干果中,随机选取6个点,每个点取出50粒,将这6个点两两混合成3组,计算干果百粒质量,方法见公式(1),将结果接近的两组数据平均,得到该批次百粒质量。

调查每批次干果收获量,待所有批次调查结束后,统计其夏果总量和秋果总量,分别除以采摘面积得到每公顷夏果产量和每公顷秋果产量,计算方法见公式(2)。

8.3.2　干果品质

从8.3.1取出的3组干果中,分别数出其中的正常果数、病果数,计算正常果率、病果率,将结果接近的两组数取平均,得到该批次正常果率、病果率。将干果称量后,置于烘箱80 ℃烘干8 h以上,烘干时间的长短以质量不再变化时为准,按照式(3)给出的方法计算干果含水率。

$$M_c = \frac{M_{bd} - M_{ad}}{M_{ad}} \times 100\% \qquad \cdots\cdots\cdots\cdots(3)$$

式中:

M_c——枸杞干果含水率,单位为%;

M_{bd}——枸杞烘干前的质量,单位为克(g);

M_{ad}——枸杞烘干后的质量,单位为克(g)。

9　主要农业气象灾害观测

9.1　观测内容

干旱、干热害、洪涝、连阴雨、冰雹、霜冻、风灾。

9.2　观测时间和地点

观测时间:在灾害发生后及时进行观测。从枸杞受害开始至受害症状不再加重为止。

观测地点:在枸杞观测地段上进行,若灾害大范围发生,还应做好观测地段所属县域范围内的调查。

9.3　记载项目

9.3.1　发生灾害的名称、受害期及受害程度

灾害名称:记录实际发生的灾害名称。

受害期:灾害开始发生、枸杞出现受害症状时记为灾害开始期,灾害解除或受害部位症状不再发展时记为终止期,其中灾害如果重新加重应继续进行记载。

受害症状和程度:记录作物受害后的特征状况,主要描述作物受害的器官(枝条、叶、蕾、花、果实等)、受害部位(上、中、下)及外部形态、颜色的变化等,受害程度的判断见表1。

如出现了灾害性天气,但未发现作物有受害症状,应继续监测两旬,然后按实况作出判断,如判断作物未受害,记载"未受害"并分析原因,记入备注栏。

表 1　枸杞受害症状及受害程度

程度	轻	中	重
干旱	树体生长缓慢，叶片下垂，少量（5％以下）叶片脱落，枝条发干；花、蕾变干，少量（5％以下）脱落。	树体生长缓慢，部分（5％～20％）叶片下垂脱落，枝条逐渐枯干；部分（5％～20％）花、蕾变干至脱落。	树体生长缓慢，叶片下垂，大量（20％以上）叶片脱落，枝条逐渐干枯；大量（20％以上）花、蕾变干、脱落。
干热害	少量（5％以下）叶片由绿色变为黄白色；少量（5％以下）叶片凋萎、发脆直至脱落；少量（5％以下）花、蕾凋萎、发脆、脱落。	部分（5％～20％）叶片由绿色变为黄白色；部分（5％～20％）叶片凋萎、发脆、脱落；部分（5％～20％）花、蕾凋萎、发脆、脱落。	大量（20％以上）叶片由绿色变为黄白色；大量（20％以上）叶片凋萎、发脆、脱落；大量（20％以上）花、蕾凋萎、发脆、脱落。
洪涝	洪水冲刷杞园，杞园内积水1天以内，少部分（10％以内）果树受淹，但根系无腐烂现象。	部分（10％～50％）果树受淹，积水在1天～2天排出，部分（10％～20％）果树根系腐烂。	大部分（50％以上）果树受淹，果树根系腐烂严重（20％以上），出现果树植株死亡。
连阴雨	发育期推迟，但根系未腐烂，少量（5％以内）花蕾、花朵、青果脱落，少量（10％以内）成熟果裂果。	发育期推迟10天以上，部分（5％～20％）果树根系腐烂，部分（5％～20％）花蕾、花朵、青果脱落，部分（10％～40％）成熟果裂果。	发育期推迟15天以上，果树根系腐烂严重（20％以上），大量（20％以上）花蕾、花朵、青果脱落，大量（40％以上）成熟果裂果。
冰雹	部分（10％以内）叶子击破，个别（5％以内）枝条折断，部分（10％以内）花、果实脱落。	部分（10％～50％）叶片破碎，部分（5％～20％）枝条折断，部分（10％～50％）花、果实脱落。	大量（50％以上）叶片击碎，大量（20％以上）枝条折断，大量（50％以上）叶片、果实、花蕾脱落严重，甚至造成空枝。
霜冻	少量（10％以内）花蕾受冻。	部分（10％～50％）花蕾受冻变黑、脱落，叶尖受冻。	开花期造成大量（50％以上）花蕾受冻脱落，叶片严重受冻。
风灾	早春造成枝条抽干，程度较轻，部分（5％以下）花蕾脱落。	早春造成枝条抽干，程度较重（5％～20％），开花期造成花蕾脱落较多（5％～20％）。	早春造成枝条抽干严重（20％以上），开花期造成花蕾大量脱落（20％以上）。

9.3.2 受灾期间天气气候情况记载

在灾害开始、增强和结束时记载使作物受害的天气气候情况，主要记载导致灾害发生的前期气象条件、灾害开始至终止期间的气象条件及其变化、使灾害解除的气象条件，见表 2。同时还要记载预计对枸杞产量的影响。

表 2　枸杞农业气象灾害及期间的天气气候情况

灾害名称	天气气候情况记载内容
干旱	最长连续无降水日数、干旱期间的降水量和天数、逐旬记载观测地段干土层厚度、土壤相对湿度。
干热害	逐日平均气温、最高气温、日最小相对湿度、日平均风速、风向。
洪涝	连续降水日数、过程降水量、日最大降水量及日期。
连阴雨	连续阴雨日数、过程降水量。
冰雹	冰雹出现时间，持续时间，最大冰雹直径。
霜冻	极端最低气温及日期。
风灾	过程平均风速、最大风速及日期。

10　主要病虫害观测

10.1　观测内容

枸杞炭疽病、根腐病、蚜虫、红瘿蚊、木虱。主要病虫害特征参见附录 B（略）。

10.2　观测地点和时间

结合生育状况观测，在枸杞观测地段上进行。在病虫害发生时开始观测并记载，应同时记载观测地段周围的病虫害情况，直至病虫害不再蔓延或加重为止。

10.3　记载项目

10.3.1　发生灾害的名称和受害期

发生灾害的名称应记载学名，禁止记各地的俗名。

当发现定株观测的枸杞枝条受病虫危害时，开始观测受害枝率。当发现 10%枝条出现病虫害时，记为受害始期；当 50%枝条出现受害特征时，记载猖獗期;当连续 2 次观测枝条病虫害受害枝率不再增加时,记为停止期。

10.3.2　受害程度

记录植株受害的器官及部位,并按表 3 判断受害程度。

表 3　枸杞受害器官、部位及受害程度判别

受害程度	轻	中	重
受害器官及部位	部分枝条、叶、花、果。	一半以上枝条、叶、花、果。	整树的枝条、叶、花、果。

11　主要田间工作记载

11.1　记载要求

田间工作记载应符合以下要求:

——按实际的项目和内容,用通用术语记载项目名称;

——同一项目进行多次观测时,要记明时间、次数;

——数量、质量、规格等计量单位应符合 GB 3100、GB 3101、GB 3102 (所有部分)的规定。

11.2　记载时间

记载观测地段上实际进行的田间管理项目、起止日期、方法和次数等。若到达田块时,田间操作已经结束,应及时向种植户了解,补记田间记录。

11.3　记载项目和内容

记载的项目和内容包括:

——修剪:观测地段各次修剪的起止日期、修剪方式等;

——中耕除草:各次中耕除草的时间、中耕深度等;

——施肥:各次施肥的时间、施肥种类、数量、施肥方式等;

——灌水:各次灌溉时间、灌溉量估算;

——抹芽修剪:抹芽修剪的时间;

——病虫防治:病虫害名称、防治时间及施用农药的种类与数量;

——其他田间管理措施;

——晾晒或制干:记录晾晒或烘干的时间、采用的表皮脱脂药剂种类和剂量,制干的方式。

12　观测簿和报表填写

所有观测和分析内容应按规定填写农气观测簿和报表,并按规定时间上报主管部门。具体填写方法见附录 C(略)。

13　生育期间气象条件鉴定

分析枸杞从萌芽到落叶期间的气候特点,从积温、降水、日照等方面简要评述各时段气象因子对枸杞生长发育、产量形成的作用和贡献,采用与历年和上一年资料对比的方法写出鉴定意见。同时,还应分析农业气象灾害、病虫害等的发生情况及对产量的影响。

附录 2:枸杞炭疽病发生气象等级
(QX/T 283—2015)

1　范围

本标准规定了枸杞炭疽病发生的气象等级与指标。

本标准适用于枸杞炭疽病的监测、预报、预警和评估。

2　术语和定义

2.1　枸杞炭疽病　*Lycium chinense* anthracnose

由胶孢炭疽菌(*Colletotrichum gloeosporioides* Penz)引起的枸杞真菌病害,主要危害嫩枝、叶、蕾、花、果实等,是枸杞主要的病害之一。

2.2　发病率　the incidence of anthracnose

发病样本数占调查总样本数的百分率,用以表示发病的普遍程度。

2.3　严重度　severity level of disease

枸杞果实(叶片)发生病变的程度,通过发病症状判断。

2.4　病情指数　disease intensity index

全面考虑发病率与严重度的综合指标,用以表示病害发生的平均水平。

2.5　连续降水时间　continuous precipitation period

降水过程从开始到结束所持续的时间。

3　气象等级与指标

依据枸杞炭疽病发生程度等级(参见附录 A),将枸杞炭疽病发生的气象等级划分为五级,名称分别为不发生、轻度发生、中度发生、偏重发生和重度发生。

枸杞炭疽病发生气象等级的确定指标为日平均气温、日降水量、连续降水时间,确定方法见表 1。

表 1　枸杞炭疽病发生的气象等级与指标

发生程度气象等级	等级名称	判识指标			判识方法
		日平均气温($T_日$) ℃	日降水量($R_日$) mm	连续降水时间($t_降$)h	
1	不发生	$T_日<16.0$,或 $T_日>30$	$R_日<5.0$	$t_降<6$	三个指标满足一个
2	轻度发生	$16.0\leqslant T_日\leqslant30.0$	$R_日\geqslant5.0$	$t_降\geqslant6$	三个指标同时满足
3	中度发生	$18.0\leqslant T_日\leqslant30.0$	$R_日\geqslant10.0$	$t_降\geqslant8$	
4	偏重发生	$20.0\leqslant T_日\leqslant30.0$	$R_日\geqslant20.0$	$t_降\geqslant10$	三个指标同时满足
5	重度发生	$22.0\leqslant T_日\leqslant30.0$	$R_日\geqslant40.0$	$t_降\geqslant12$	

气象条件同时符合两个或两个以上级别时,应以其中最高级别为准。

附　录　A

(资料性附录)

枸杞炭疽病发生程度等级判断指标

A.1　枸杞炭疽病发生程度等级

枸杞炭疽病发生的程度等级判断指标见表 A.1。以病情指数为优先指标,无条件获取病情指数时以发病率做参考。病情指数按照式(A.1)的方法计算。发病率依据田间调查结果确定。

表 A.1　枸杞炭疽病发生程度等级判别指标

发生程度等级	发生程度等级描述	病情指数%	发病率%
1 级	不发生	$\leqslant5$	0～9.9
2 级	轻发生	6～19	10～29.9
3 级	中等发生	20～49	30～59.9
4 级	偏重发生	50～79	60～89.9
5 级	重度发生	$\geqslant80$	$\geqslant90$

A.2　枸杞炭疽病病情指数调查方法

A.2.1　取样方法

在 1 hm² 连片种植的枸杞地上,选择不小于 0.1 hm² 田块作为观测地段,将其按田块形状分成相等的两个区,观测在两个区内同一天进行。

采用定点定株调查方法,在观测地段的 2 个区内,各选择田中间三至十年生的枸杞树 5 棵。每棵树选取 2 个当年生枝条挂牌,每个枝条调查 15 个果实(或叶片),即每区调查 150 个果实(或叶片)。

A.2.2　病情指数的计算

病情指数按照式(A.1)计算:

$$I = \frac{\sum (h_i \times i)}{H \times 9} \times 100 \qquad \cdots\cdots\cdots\cdots\cdots (A.1)$$

式中:

I ——病情指数;

i ——病情严重度,其值见表 A.2;

h_i ——各级严重度对应病果(叶)样本数;

H ——调查总样本数。

表 A.2　枸杞病情严重度取值

i	叶片发病症状	青果或成熟鲜果发病症状
0	无褐色病斑	无针状凹陷病斑
1	最大褐色病斑直径≤0.4 mm 或病斑面积占整个叶片的 5 %以内	最大凹陷病斑直径≤0.4 mm 或病斑面积占整个果粒 5 %以内
3	最大褐色病斑直径为 0.5 mm～1.5 mm 或病斑面积占整个叶片的 6%～25%	最大凹陷病斑直径为 0.5 mm～1.0 mm 或病斑面积占整个果粒的 6%～25%
5	最大褐色病斑直径为 1.6 mm～3.5 mm 或病斑面积占整个叶片的 26%～50%	最大凹陷病斑直径为 1.1 mm～2.0 mm 或病斑面积占整个果粒的 26%～50%
7	最大褐色病斑直径为 3.6 mm～6.0 mm 或病斑面积占整个叶片的 51%～75%	最大凹陷病斑直径为 2.1 mm～4.0 mm 或病斑面积占整个果粒的 51%～75%

i	叶片发病症状	青果或成熟鲜果发病症状
9	最大褐色病斑直径≥6.1 mm 或病斑面积占整个叶片的 76％以上	最大凹陷病斑直径≥4.1 mm 或病斑面积占整个果粒的 76％以上

依据发病症状确定 i 的值。当植株结果时以果实发病症状取值,未结果时以叶片发病症状取值。

A.3　枸杞炭疽病发病率调查方法

发病率是指发病的普遍程度,用病果(病叶)数占调查总果(叶)数的百分率表示。

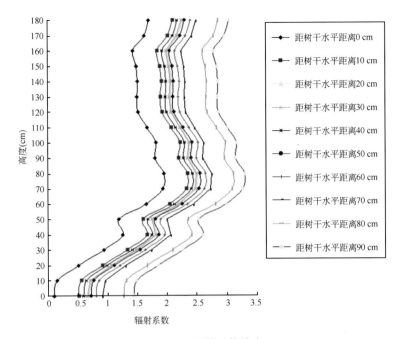

图 2.10 辐射系数普查

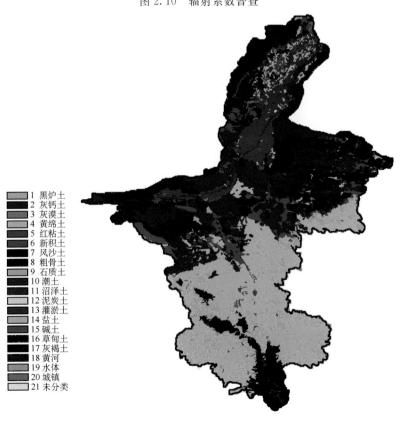

图 6.1 宁夏土壤类型分布图

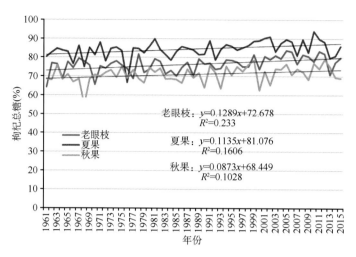

图 6.2　枸杞总糖含量年变化

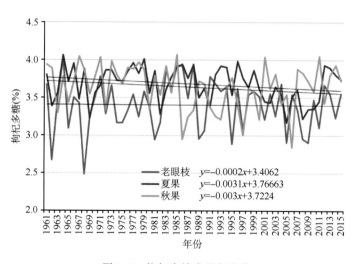

图 6.3　枸杞多糖含量年变化

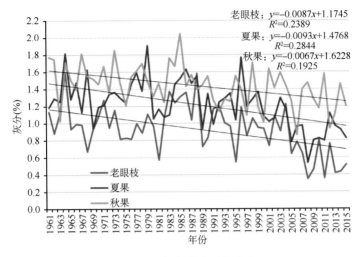

图 6.4　枸杞灰分含量年变化

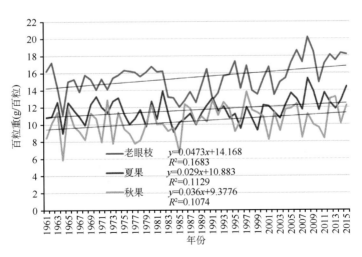

图 6.5　枸杞百粒重年变化

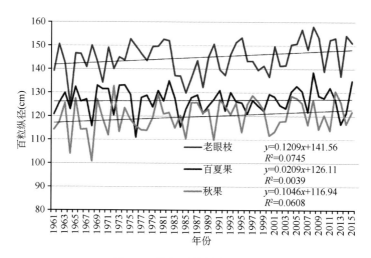

图 6.6　枸杞百粒纵径年变化

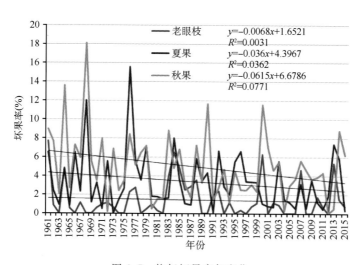

图 6.7　枸杞坏果率年变化

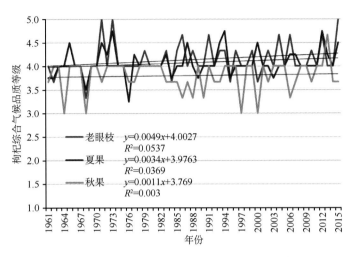

图 6.8　气候变化对枸杞综合气候品质的影响

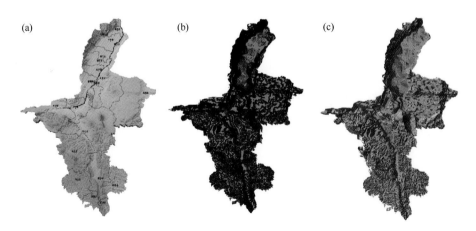

图 7.1　宁夏 1：250000 海拔（a）、坡度（b）、坡向（c）的网格点推算

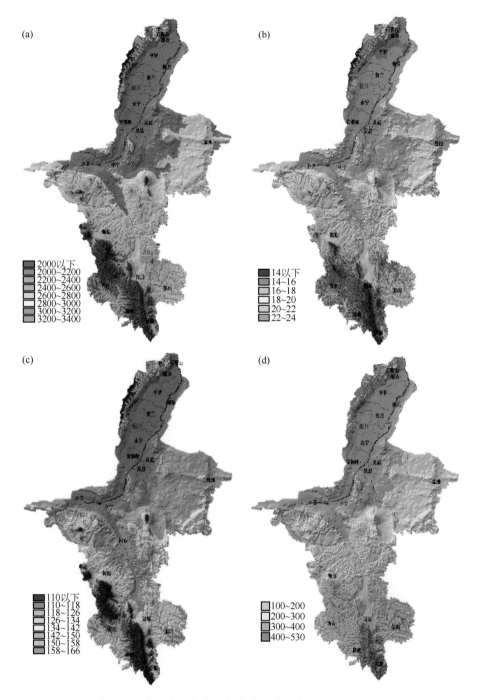

图 7.2　全区各地枸杞区划气象要素指标的小网格推算

(a)稳定通过 10℃期间≥10℃积温(℃·d);(b)6 月平均气温(℃);(c)稳定通过 10℃期间日数(d);(d)稳定通过 10℃期间降水量(mm)

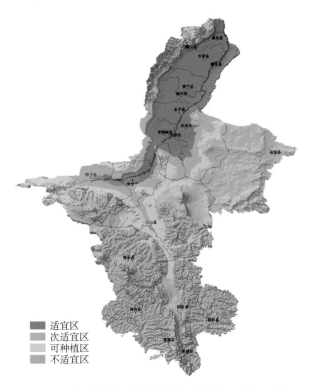

图 7.3 宁夏枸杞适宜种植的细网格农业气候区划